von

René Gumpinger,

der Hund und Mensch verbindet.

Reflexionen eines Pädagogen und Hundecoaches

AF888137

Ohne Leckerli, aber mit Haltung

Warum echte Bindung keine Leckerli braucht.
Von einem, der von Hunden lernte.

Für meine Frau, Daniela – du gibst mir Halt, den ich weitergeben darf.

© 2025 Gumpinger René

Herausgeber:in: Hund Mensch Coaching Gumpinger
Autor:in: Gumpinger René
Illustration: Gumpinger René
Umschlaggestaltung: Buchschmiede
Lektorat / Korrektorat: Gumpinger Daniela

Druck und Vertrieb im Auftrag der Autorin/des Autors:
Buchschmiede von Dataform Media GmbH
Julius-Raab-Straße 8
2203 Großebersdorf
Österreich

www.buchschmiede.at - Folge deinem Buchgefühl!
Kontaktadresse nach EU-Produktsicherheitsverordnung:
info@buchschmiede.at

ISBN:
ISBN Softcover: 978-3-99181-808-3
ISBN E-Book: 978-3-99181-807-6

Printed in Austria

Das Werk, einschließlich seiner Teile, ist urheberrechtlich geschützt. Jede Verwertung ist ohne Zustimmung des Verlages und der:s Autor:in unzulässig. Dies gilt insbesondere für die elektronische oder sonstige Vervielfältigung, Übersetzung, Verbreitung und öffentliche Zugänglichmachung.

Inhalt:

Über den Autor:

René Gumpinger ist sowohl Hundecoach als auch Schulleiter und Pädagoge. In seiner Funktion als Hundecoach konzentriert er sich auf die Entwicklung von Kompetenzen von Hunden und deren Haltern, um eine harmonische Beziehung zwischen Mensch und Tier zu fördern. Hundecoaching beinhaltet oft die Anwendung von klarer Kommunikation, um Verhaltensprobleme zu lösen und die Beziehung zwischen Hund und Halter zu verbessern. Gumpinger arbeitet sehr individuell mit seinen Klienten und veranstaltet regelmäßig Seminare mit dem Titel „Leadership ist keine Technik, sondern eine Haltung".

Als Schulleiter und Pädagoge nimmt Gumpinger eine führende Rolle ein. Er verantwortet die organisatorischen und administrativen Aspekte einer Schule und setzt sich dafür ein, ein positives Lernumfeld zu schaffen. Dies umfasst die Entwicklung von Personal, die Unterstützung von Lehrkräften und die Förderung von Schülern. Gumpinger verfolgt innovative, pädagogische Ansätze, um den Unterricht zu bereichern und die Schüler in ihrer persönlichen Entwicklung zu unterstützen, damit sie auf die Anforderungen der Gegenwart und Zukunft vorbereitet sind.

In beiden Rollen verbindet Gumpinger seine Leidenschaft für Bildung und Tiere, was ihm ermöglicht, sowohl in der Erziehung als auch im Umgang mit Hunden und deren Menschen erfolgreich zu agieren. Seine Ansätze sind von einem tiefen Verständnis für menschliches und tierisches Verhalten und Lernprozesse geprägt, was ihn zu einem geschätzten Experten in seinen Bereichen macht.

Beginnen wir den gemeinsamen Weg

Bist du bereit, deine Komfortzone zu verlassen? Bist du bereit, deinen Horizont zu erweitern und deine Beziehung zu deinem Hund auf eine neue Ebene zu bringen? Dann heiße ich dich herzlich willkommen. Ich hoffe, es ist für dich in Ordnung, wenn wir uns duzen. Mit den meisten Hundemenschen ist dies Usus. Es freut mich, dass du dich auf den Weg machen möchtest, die Beziehung zu deinem Hund grundlegend zu verbessern und gleichzeitig gratuliere ich dir zu deinem Mut, dieses Buch in die Hand zu nehmen. Wenn man Literatur zum Thema Hund sucht, findet man

meist Bücher, die sich mit Training, Klickern oder Rassenbeschreibungen auseinandersetzen. Leadership findet man da hingegen weniger. Wenn du die Erwartungshaltung hast, dass du in diesem Buch viele Anleitungen erfährst, wie du deinen Hund trainieren kannst, muss ich die leider enttäuschen. Jedoch sind dem Thema „Erwartungshaltung“ eigene Kapitel gewidmet. Auch über den Hund als Lebewesen samt seiner Genetik wirst du nur wenig lesen. Dazu darf ich dich gerne an andere Literatur verweisen, die es schon im Überfluss gibt.

Dieses Buch ist kein typisches Werk über Hundeerziehung. Es geht um mehr – viel mehr. Es geht um dich.

Um deine innere Haltung, deine Bereitschaft zur Reflexion und dein Verständnis für das Wesen deines Hundes. Egal, ob du erst mit dem Gedanken spielst, einen Hund in dein Leben zu holen oder ob du bereits einen Gefährten an deiner Seite hast – hier findest du Denkanstöße und Werkzeuge, die dir helfen werden, eine tiefere, harmonischere Beziehung zu deinem Hund aufzubauen. Du machst dich auf den Weg, eine Führungskraft zu werden. Voller Selbstvertrauen und Kompetenzen, um deinem Hund gerecht zu werden.

Ich lade dich ein, einen neuen Blickwinkel einzunehmen – abseits der üblichen Methoden und gängigen Dogmen, die oft als „einziger" Weg propagiert werden. In den kommenden Kapiteln wirst du lernen, die Welt aus der Perspektive deines Hundes zu betrachten, und ich werde dich dazu ermutigen, ehrlich mit dir selbst zu sein. Dabei halte ich dir immer wieder den Spiegel vor, damit du dich und deine inneren Muster klarer erkennen kannst.

Seit vielen Jahrzehnten lebe ich mit Hunden zusammen und habe in dieser Zeit selbst viele Irrwege beschritten. Unwissenheit, Abhängigkeit von Trainern und das blinde Folgen von Mainstream-Ansätzen führten oft nicht zu den erhofften Ergebnissen. Erst mit der Zeit – durch

Erfahrungen und das Vertrauen in mein Bauchgefühl – konnte ich mich von vorgefertigten Konzepten lösen.

Unsere moderne Gesellschaft, geprägt von Social Media und dem Wunsch, sich ständig zu präsentieren, hat auch die Hundewelt verändert. Hunde werden zunehmend vermenschlicht, verwöhnt und in ein Korsett gesteckt, dem sie nicht gerecht werden können. Anstatt die wahren Bedürfnisse des Hundes zu erkennen und darauf einzugehen, werden Trainingsmethoden entwickelt, die oft dazu dienen, dass der Mensch sich nicht allzu sehr ändern muss. Der Hund hingegen soll sich vollständig anpassen, bis er sich selbst schlussendlich eingliedert oder rebelliert. Unsere Tierheime sind voll und die Anzahl an „verhaltenskreativen“ Hunden nimmt zu.

Auch ich habe Phasen der Ratlosigkeit durchlebt. Doch irgendwann wurde mir klar: Mein Hund kann nur dann wirklich gedeihen, wenn ich bereit bin, mich selbst zu verändern. Das war der Beginn meiner Reise – eine kompromisslose Entdeckungsreise in die Sprache, das Verhalten und die Bedürfnisse von Hunden. Ich habe erkannt, dass es möglich ist, ein Leben mit Hunden zu führen, das für beide Seiten erfüllend ist – ein Leben in Respekt, Klarheit und gegenseitigem Vertrauen.

Bist du bereit, diesen Weg mit mir zu gehen? Dann lass uns gemeinsam starten – auf eine Reise, die dich nicht nur zu einem besseren Hundemenschen macht, sondern auch dir selbst näher bringt.

Nach jedem Kapitel gebe ich dir Zeit und Anleitung, dich mit dem Gelesenen auseinanderzusetzen und zu reflektieren. Die Fragen können dir als Leitfaden dienen.

Fragen zur Selbstreflexion:

1. Was hat dich dazu motiviert, dieses Buch in die Hand zu nehmen? Welche Erwartungen hast du an die Inhalte?

2. Wie würdest du deine aktuelle Beziehung zu deinem Hund beschreiben? Gibt es Aspekte, die du gerne verbessern möchtest?

3. Bist du bereit, dein eigenes Verhalten und deine innere Haltung zu hinterfragen, um eine tiefere Verbindung zu deinem Hund aufzubauen?

4. Welche Rolle spielen gesellschaftliche Erwartungen oder Mainstream-Ansätze in deinem

Umgang mit deinem Hund? Lässt du dich davon beeinflussen?

5. Wie gehst du mit Veränderungen um, die außerhalb deiner Komfortzone liegen? Was könnte dir helfen, dich auf diesen neuen Weg einzulassen?

6. Inwiefern bist du offen dafür, deine Perspektive zu ändern und die Welt durch die Augen deines Hundes zu betrachten?

7. Welche Erfahrungen in deinem bisherigen Leben haben dich geprägt und wie könnten sie deine Beziehung zu deinem Hund beeinflussen?

8. Welche konkreten Schritte könntest du dir vorstellen, um deinem Hund mehr Respekt, Klarheit und Vertrauen entgegenzubringen?

9. Wie gehst du mit Kritik oder Herausforderungen um, die dich dazu auffordern, an dir selbst zu arbeiten?

10. Bist du bereit, langfristig an dir zu arbeiten, auch wenn sich Erfolge nicht sofort einstellen? Was motiviert dich, dran zu bleiben.

Aris

Es war einmal ein Mann namens Elias, der in einem kleinen Dorf am Rande eines dichten Waldes lebte. Elias war ein Tischler, bekannt für seine geschickten Hände und seine wundervollen Holzarbeiten. Doch was ihn wirklich auszeichnete, war seine einzigartige Beziehung zu seinem Hund, Aris. Aris war kein gewöhnlicher Hund. Er war ein Mischling, groß und zottelig, mit einem Blick, der gleichzeitig tief und fragend war. Elias hatte ihn vor einigen Jahren aus einem Tierheim geholt. Von Anfang an war klar, dass Aris nicht einfach war. Er zog an der Leine, bellte andere Hunde an und schien nie wirklich zur Ruhe zu kommen. Elias, der bisher nur wenig Erfahrung mit Hunden hatte, war schnell überfordert. Wie viele andere suchte er Hilfe in Büchern, Videos und bei Hundetrainern. Er probierte alles aus – von strikten Befehlen bis hin zu endlosen Leckerlis. Doch nichts schien zu helfen. Je mehr er versuchte, Aris zu dressieren, desto stärker wurde der Widerstand seines Hundes. Elias fühlte sich wie ein Kapitän, der sein Schiff nicht steuern konnte, obwohl er das Steuer fest in den Händen hielt. Eines Tages, nachdem ein Spaziergang wieder einmal in einem Desaster geendet hatte, setzte sich Elias erschöpft auf eine alte Holzbank am Waldrand. Aris legte sich einige Meter entfernt hin und beobachtete ihn aus sicherer Distanz. Elias blickte in

den Himmel und fragte sich, ob er vielleicht einfach nicht für das Leben mit einem Hund gemacht war. In diesem Moment kam eine alte Frau den Pfad entlang. Sie trug einen großen Korb voller Wildkräuter und hatte eine sanfte, aber bestimmende Ausstrahlung. Als sie Elias bemerkte, blieb sie stehen und sah ihn mit einem wissenden Lächeln an. „Er ist nicht das Problem, mein Junge," sagte sie und deutete auf Aris. „Der Hund spiegelt nur, was in dir vorgeht."
Elias sah sie verwirrt an. „Was meinen Sie damit? Ich habe alles versucht. Er ist einfach … schwierig." Die Frau setzte sich neben ihn. „Manchmal versuchen wir, die Welt um uns herum zu formen, anstatt uns selbst zu formen. Hunde sind keine Maschinen, die wir programmieren können. Sie sind Lebewesen, die unsere innersten Zustände wahrnehmen. Wenn du Ruhe willst, musst du selbst zur Ruhe kommen. Wenn du Vertrauen möchtest, musst du vertrauenswürdig sein." Elias dachte über ihre Worte nach. „Aber wie soll ich das machen? Ich weiß nicht, wo ich anfangen soll." Die Frau holte ein kleines, in Leder gebundenes Buch aus ihrem Korb und reichte es ihm. „Beginne hiermit. Es wird dir keine Befehle geben, sondern dir helfen, dich selbst zu verstehen. Der Rest wird sich ergeben." Elias nahm das Buch und schlug es auf. Die erste Seite war leer, abgesehen

von einem einzigen Satz: „Bist du bereit, deinen Weg zu beginnen?"

Von diesem Tag an begann Elias, anders auf Aris zuzugehen. Er stellte sich nicht mehr die Frage, wie er Aris ändern konnte, sondern wie er sich selbst ändern musste. Er lernte, seine eigene Ungeduld zu hinterfragen, seine Erwartungen loszulassen und wirklich im Moment zu sein. Mit der Zeit bemerkte er, dass sich auch Aris veränderte. Der Hund, der einst so unruhig und widerspenstig war, begann ihm zu vertrauen und ihm zu folgen – nicht aus Angst oder Gehorsam, sondern aus echter Verbundenheit. Elias verstand, dass Aris nie das Problem gewesen war. Er war der Spiegel, der Elias zeigte, was er selbst lernen musste. Und so wurde ihre Beziehung nicht nur eine zwischen Mensch und Hund, sondern eine, die beide auf eine tiefere Reise zu sich selbst führte.

Gesellschaft

Bevor wir uns Schritt für Schritt in die Welt der Hunde begeben, möchte ich ein Thema ansprechen, das viele Probleme im Umgang mit Hunden beinhaltet: die gesellschaftlichen Entwicklungen, die auch die Beziehung zwischen Mensch und Hund beeinflussen.

Seit vielen Jahren arbeite ich als Pädagoge, Schulleiter und Hund-Mensch-Coach. Diese Perspektiven erlauben es mir, parallele Entwicklungen in beiden Bereichen – Kindererziehung und Hundeerziehung – zu beobachten. Dabei fällt mir immer wieder auf, dass die Probleme mit Hunden oft tief in den Strukturen unserer Gesellschaft verwurzelt sind.

Als Coach widme ich bis zu 90 % meiner Zeit den Menschen – denn die Ursache vieler Probleme liegt in ihrem Verhalten und ihrer inneren Haltung, nicht beim Hund. Oft werde ich erst dann gerufen, wenn alles andere gescheitert ist. Viele meiner Klienten haben zuvor mehrere Trainer aufgesucht und unzählige Methoden ausprobiert. Wenn der Hund an der Leine zerrt, andere Hunde attackiert oder die Besitzer maßregelt, wenn der Leidensdruck unerträglich wird, komme oft ich ins Spiel.

Doch wie kommt es überhaupt so weit? Meiner Meinung nach spiegelt sich in den Herausforderungen mit Hunden eine gesellschaftliche Entwicklung wider, die auf Kompetenzumkehr und mangelnde Struktur zurückzuführen ist.

In vielen Familien haben Kinder heutzutage das Sagen. Ihre Bedürfnisse stehen über allem und das Wort „Nein“ scheint aus dem Wortschatz vieler Eltern verschwunden zu sein. Eltern, oft getrieben von beruflichem Druck, eigenen Sorgen und gesellschaftlichen Erwartungen, finden kaum noch die Kraft, sich mit ihren Kindern auseinanderzusetzen. Viel zu wichtig ist es, die zwei bis drei Urlaube im Jahr stemmen zu können. Arbeit, Stress und Verpflichtungen stehen im Mittelpunkt. Digitale Medien übernehmen meist die Erziehung beziehungsweise Beaufsichtigung der Kinder. Meist bekommen sie alles, was sie wollen – aber nicht das, was sie wirklich brauchen. Oder die Mittel sind so wenig vorhanden, dass die eigenen Probleme so überragen, dass die Familie immer mehr ins Hintertreffen gerät. Ich will jetzt nicht schwarz oder weiß malen, aber die Kluft wird immer größer.

Ein Erlebnis im Kino hat mir dies besonders deutlich gemacht. Eine wohlhabend wirkende Familie saß in meiner Nähe. Der etwa zwölfjährige Sohn maßregelte seinen Vater lautstark, weil dieser die „falsche“ Soße zu den Nachos geholt hatte. Der Vater ertrug die Situation schweigend, peinlich berührt. Ich dachte mir: „Hoffentlich hat diese Familie keinen Hund oder plant nicht, einen anzuschaffen.“

Warum? Weil dieselben Prinzipien und Einstellungen zum Familienleben auf die Hundehaltung übertragbar sind. Wer es nicht schafft, Kindern Respekt und einen höflichen Umgang beizubringen, wird auch einem Hund keine klaren Regeln vermitteln können. Ein Jasager wird sich immer schwer tun, einem Hund gerecht zu werden. Doch genau diese Regeln – klare Grenzen und eine verlässliche Kommunikation – sind essenziell für ein harmonisches Zusammenleben mit einem Hund. Wer nicht die Zeit findet, sich mit seiner Familie auseinanderzusetzen, wird noch weniger Zeit finden, sich um einen Hund zu kümmern. Schlicht und einfach dürften nicht so viele Menschen einen Hund haben. Haben sie aber. Warum? Weil sie ihn als Ersatz für ein Bedürfnis zu sich nehmen.

Unsere Gesellschaft scheint sich immer mehr von klaren Strukturen zu verabschieden. Ein „Nein“ wird zum „Vielleicht“, Kompromisse stehen über allem und das Streben nach Wohlgefühl und Konsum ersetzt oft die notwendige Konsequenz. Diese Haltung hat auch die Hundewelt erreicht. Viele glauben, der Hund solle ständig Spaß haben, seine Bedürfnisse uneingeschränkt ausleben dürfen und niemals ein „Nein“ hören. Jedoch ist es wichtig, dass der Hund das beste Equipment hat. Die Farbe seiner Leine soll perfekt zu den Gummistiefeln des Menschen passen und gleich wird das passende Foto in den sozialen Medien perfekt platziert.

Doch wo bleibt der Hund in all dem? Seine wahren Bedürfnisse werden oft ignoriert. Stattdessen reden wir den ganzen Tag mit ihm und stopfen ihn mit Leckerlis voll, während wir versuchen, Verhaltensprobleme durch oberflächliche Trainingstechniken zu lösen. Die tieferen Ursachen bleiben unberührt.

Es ist an der Zeit, dass wir uns ehrlich mit uns selbst und unserem Hund auseinandersetzen. Hunde sind keine Menschen. Sie brauchen klare Spielregeln, eine verständliche Kommunikation und einen Partner, der sie verlässlich begleitet. Wenn wir bereit sind, uns auf ihre Welt einzulassen, können wir viele Probleme lösen – und das Leben für uns und unsere Hunde erheblich bereichern. Wir müssen runter steigen, vom hohen Ross und uns dem Tier Hund wieder widmen.

Fragen zur Selbstreflexion:

1. Welche gesellschaftlichen Werte und Entwicklungen erkennst du in deinem eigenen Umgang mit deinem Hund wieder? Gibt es Parallelen zu den beschriebenen Problemen?

2. Wie oft reflektierst du deine eigenen Bedürfnisse und Beweggründe, warum du einen Hund hast oder haben möchtest? Könnte dein Hund eine Ersatzrolle in deinem Leben einnehmen?

3. Wie konsequent bist du im Alltag – sei es in der Beziehung zu deinem Hund, zu deinen Mitmenschen oder zu dir selbst? Wo könntest du klarer und strukturierter handeln?

4. Fällt es dir leicht, deinem Hund ein klares „Nein" zu vermitteln? Wie gehst du mit seinen Reaktionen darauf um?

5. Wie beeinflussen äußere Einflüsse, wie soziale Medien oder gesellschaftliche Erwartungen, deinen Umgang mit deinem Hund? Investierst du mehr in sein Erscheinungsbild oder in eure

gemeinsame Beziehung?

6. In welchen Situationen fällt es dir schwer, Verantwortung zu übernehmen und wie zeigt sich das in deinem Verhalten gegenüber deinem Hund?

7. Welche Rolle spielen Regeln und Grenzen in deinem Zusammenleben mit deinem Hund? Schaffen sie Sicherheit oder führen sie zu Konflikten?

8. Wo könntest du in deinem Alltag mehr Zeit oder Energie investieren, um deinem Hund die notwendige Struktur und Aufmerksamkeit zu geben?

Stadt der schimmernden Masken

In einem weit entfernten Tal lag eine Stadt, die als „Stadt der schimmernden Masken“ bekannt war. Ihre Bewohner trugen täglich prächtige Masken, die ihre Errungenschaften, ihre Schönheit und ihren Reichtum zeigten. Je größer die Maske, desto mehr Bewunderung zog sie auf sich. Doch hinter den Masken war etwas Seltsames: Die Menschen lebten in Unruhe und fühlten sich oft verloren. Eines Tages kam ein Reisender namens Leander in die Stadt. Er trug keine Maske, was sofort die Aufmerksamkeit der Bewohner erregte. Manche lachten, andere tuschelten und einige wichen ihm aus. Leander führte an seiner Seite einen Hund – ein schlichtes Tier mit einer schmuddeligen Fellfarbe und klaren, wachsamen Augen.

Die Bewohner der Stadt waren fasziniert von dem Hund. Er schien Leander ohne Leine zu folgen, blieb jedoch stets an seiner Seite, ruhig und aufmerksam. Einige fragten ihn nach seinem Geheimnis. „Wie hast du deinem Hund beigebracht, so zu sein?“ wollten sie wissen. Leander lächelte nur und antwortete: „Ich habe nichts beigebracht. Ich habe gelernt.“

Neugierig auf seine Worte, baten die Bewohner Leander, ihnen seinen Ansatz zu erklären. Er lud sie zu einem Treffen auf den großen Platz ein. Dort begann er zu erzählen: „In meiner Heimat haben wir keine Masken. Wir leben einfach und ehrlich – zuerst mit uns selbst, dann mit unseren Tieren. Mein Hund zeigt mir jeden Tag, was ich besser machen kann. Wenn er nervös ist, frage ich mich, ob ich vielleicht selbst unruhig bin. Wenn er ungehorsam ist, frage ich mich, ob ich klar genug bin. Mein Hund ist ein Spiegel, kein Werkzeug.“

Die Bewohner hörten zu, doch die Botschaft verwirrte sie. Die Masken sollten fallen. „Aber unsere Masken

sind wichtig," sagte ein Mann. „Ohne sie würden wir uns bloßgestellt fühlen." Leander nickte. „Das verstehe ich. Aber vielleicht sollte man sich manchmal die Zeit nehmen, die Maske abzunehmen. Nur so kann man sehen, was darunter liegt." Einige Bewohner nahmen seine Worte zu Herzen. Sie begannen, ihre Masken ab und zu abzulegen und sich selbst und ihre Hunde mit ehrlichem Blick zu betrachten. Sie erkannten, dass ihre Hunde nicht perfekt sein mussten, ebenso wenig wie sie selbst. Stattdessen suchten sie nach Harmonie und Verständnis. Mit der Zeit veränderte sich die Stadt. Die Masken wurden seltener getragen und die Beziehungen zwischen den Menschen und ihren Hunden wurden tiefer und authentischer. Und so wurde aus der „Stadt der schimmernden Masken" die „Stadt der ehrlichen Augen“, in der Menschen und Tiere endlich wirklich zusammenlebten.

Runter vom hohen Ross

Stell dir vor, du planst eine Reise ins Ausland, ob nun beruflich oder privat. Klar, du könntest annehmen, dass die Einheimischen alle fleißig in deiner Muttersprache parlieren. Aber das wäre ungefähr so, als ob du erwartest, dass der Kaffee dort genauso schmeckt wie zuhause – naiv und ein wenig überheblich. Der kluge Reisende bereitet sich vor, lernt die nötigen Basics in der Landessprache und passt sich an. So läuft es einfach und reibungslos.

Hunde kommunizieren hauptsächlich über Körpersprache. Sie wissen, dass sie das A und O ist. Trotzdem scheinen wir Menschen oft der Meinung zu sein, dass ein Hund nur dann richtig funktioniert, wenn wir alles in Worte kleiden. Ob „Sitz!“, „Platz!“ oder „Pfötchen geben!“ – wir werfen mit Kommandos um uns, als ob unser Vierbeiner ein wandelndes Wörterbuch wäre. Dabei gleicht das dem Versuch, einem Italiener mit Händen und Füßen die deutsche Grammatik zu erklären – missverständlich, anstrengend, langwierig und teuer.

Unser treuer Freund hört zwar brav zu, aber was er da vernimmt, sind oft nur belanglose Geräusche, irgendwo zwischen dem Rascheln der Blätter und dem Summen einer Biene. Denn in Wirklichkeit versucht er längst, unsere Körpersprache zu entziffern – die echten Botschaften, die ohne Worte auskommen.

Warum also das Ganze unnötig verkomplizieren? Statt in teure Trainerstunden zu investieren, um deinem Hund beizubringen, dass „Komm her!" und ein Leckerli irgendwie zusammengehören, könntest du einfach mal von deinem hohen Ross heruntersteigen. Probiere es mit klarer Körpersprache. Eineinladende Geste des Körpers und schwupps, versteht dein Hund, dass er kommen soll.

Vielleicht denkst du das nächste Mal daran, bevor du deinem Hund wieder eine endlose Liste an Kommandos um die Ohren haust. Manchmal ist weniger eben mehr – und der Hund wird es dir mit einem glücklichen Schwanzwedeln danken.

Der Hund als Meister der nonverbalen Kommunikation

Hunde sind wahre Experten, wenn es darum geht, feine Signale wahrzunehmen. Ein flüchtiger Blick, eine minimale Gewichtsverlagerung, eine erhobene Hand – all das reicht oft aus, um dem Hund zu vermitteln, was wir möchten. Unsere Vierbeiner lesen uns wie ein offenes Buch, selbst wenn wir uns dessen oft gar nicht bewusst sind.

Hier ein Beispiel: Stell dir vor, du möchtest deinem Hund klarmachen, dass er nicht auf das Sofa springen soll. Viele greifen in solchen Momenten reflexartig zu Worten: „Nein!“ oder „Runter da!“. Aber wie wäre es, wenn du einfach deinen Körper einsetzt? Geh ruhig einen Schritt nach vorne, mach dich groß und blockiere den Raum. Dein Hund wird diese klare Botschaft schneller verstehen als ein hastig ausgesprochenes Verbot.

Warum weniger oft mehr ist

Hunde sind sehr klar, wenn es um Kommunikation geht. Sie brauchen keine langen Vorträge, keine endlosen Wiederholungen. Was sie brauchen, sind klare, eindeutige Signale. Ja oder nein - ist die Ampel auf Grün oder Rot? Und genau hier liegt der Knackpunkt: Oft sind es wir Menschen, die mit unserem Redefluss die Botschaft verwässern. Ein Hund, der ständig mit Worten überschwemmt wird, verliert schnell den Fokus. Die Ampel blinkt ständig auf Orange.

Versuch doch einmal, einen Tag lang bewusst auf deine Körpersprache zu achten, wenn du mit deinem Hund interagierst. Du wirst erstaunt sein, wie viel einfacher und harmonischer die Kommunikation wird. Dein Hund wird sich entspannen, weil er sich nicht mehr durch einen Dschungel aus Worten kämpfen muss. Und du? Du wirst merken, dass weniger wirklich mehr sein kann.

Die Verbindung vertiefen

Wenn wir uns darauf einlassen, weniger zu reden und mehr zu zeigen, vertieft das nicht nur die Kommunikation, sondern auch die Beziehung zu unserem Hund. Plötzlich entsteht eine Art nonverbales Band, ein tiefes Verständnis, das auf Vertrauen und Respekt basiert. Der Hund sieht uns nicht mehr als ständig plappernde Wesen, sondern als klare, souveräne Leader. Und genau das macht den Unterschied.

Fragen zur Selbstreflexion:

1. Wie oft benutzt du in deinem Alltag Worte, um deinem Hund Anweisungen zu geben? Könntest du auf einige dieser Worte verzichten und stattdessen Körpersprache einsetzen?

2. Achte auf deine Körpersprache: Welche Signale sendest du deinem Hund vielleicht unbewusst, die seine Reaktionen beeinflussen könnten?

3. Wann war das letzte Mal, dass du deinen Hund „korrigiert" hast? Hast du dabei eher auf Worte oder auf deine körperliche Präsenz gesetzt? Was hat besser funktioniert?

4. Wie würde dein Hund dich beschreiben: als klar und eindeutig oder als manchmal verwirrend in deiner Kommunikation?

5. Bist du bereit, bewusst darauf zu achten, wie dein Hund auf kleine Änderungen in deiner Haltung, deinem Blick oder deiner Bewegung reagiert? Was könntest du dabei lernen?

6. Wie fühlst du dich bei der Vorstellung, weniger verbal und mehr nonverbal mit deinem Hund zu interagieren? Gibt es Bedenken oder Unsicherheiten, die dich zurückhalten?

7. Wann hast du zuletzt einen Moment erlebt, in dem du dich mit deinem Hund wortlos verstanden hast? Was hat diesen Moment besonders gemacht?

8. Wie könntest du gezielt daran arbeiten, die Kommunikation mit deinem Hund so klar und einfach wie möglich zu gestalten?

9. Was könntest du von deinem Hund über die Bedeutung nonverbaler Kommunikation lernen und auf andere Bereiche deines Lebens übertragen?

Der Turm

In einem weiten Land lebte einst ein König namens Florin. Sein Reich war wohlhabend und die Menschen liebten ihn, doch er hatte eine ungewöhnliche Eigenart: Er bewohnte einen hohen Turm, der weit über den Wolken schwebte. Von dort oben erließ er Anweisungen und dirigierte das Geschehen im Königreich. Seine Stimme war laut und klar, doch oft verstanden die Untertanen seine Befehle nicht. „Bring das Schaf in den Stall!“ rief Florin eines Tages einem Hirten zu. Doch der Hirte hörte nur ein undeutliches Echo. Er schüttelte den Kopf, während das Schaf fröhlich über die Wiese sprang. Ähnlich erging es einem Gärtner, als der König ihm zurief, den Apfelbaum zu schneiden. Der Gärtner hob ratlos die Hände – die Worte des Königs waren verzerrt und die Botschaft blieb im Wind hängen. Eines Tages kam eine junge Tänzerin namens Alina ins Schloss. Sie war für ihre anmutigen Bewegungen und ihre Fähigkeit, Geschichten allein durch Tanz zu erzählen, berühmt. Als sie von den Problemen der Menschen hörte, bat sie den König um eine Audienz. „Hoher König,“ sagte Alina, „eure Worte verlieren sich in den Wolken. Kommt herab und zeigt uns, was ihr meint.“ Florin runzelte die Stirn. „Ich bin der König! Meine Stimme ist Gesetz! Warum sollte ich meinen Turm verlassen?“ Alina lächelte. „Worte sind wie Vögel, die fliegen – mal erreichen sie das Ziel, mal nicht. Doch Taten, Bewegungen, Blicke – sie sind der Boden, auf dem wir stehen. Kommt herunter und ich werde euch zeigen, wie man ohne Worte spricht.“ Neugierig ließ Florin sich herabtragen. Zum ersten Mal seit Jahren stand er wieder auf festem Boden. Alina führte ihn zu einem Feld, wo ein Hütehund die Schafe zusammentrieb. Der Hund sprach kein Wort, doch durch sein flinkes Laufen, das Neigen des Kopfes und die Richtung seines Blicks lenkte er die Herde präzise. „Seht,“ sagte Alina, „der Hund spricht mit seinem Körper. Die Schafe verstehen ihn, weil er klar ist und nicht zweifelt.“ Dann drehte sie sich um und begann zu tanzen. Mit einer einzigen Geste deutete sie Florin, ihr zu folgen. Unsicher tat er es, und bald bemerkte er: Je weniger er nach Worten suchte, desto fließender wurde sein Schritt. Von diesem Tag an lebte der König nicht mehr auf seinem hohen Turm. Stattdessen ging er zu den Menschen, zeigte ihnen mit einfachen Gesten, was er wollte, und staunte über die Harmonie, die daraus entstand. Er lernte, dass Führung nicht laut sein musste, sondern klar. Die Menschen im Königreich begannen, ein neues Sprichwort zu verwenden: „Der wahre König tanzt mit seinen Füßen, nicht mit seiner Zunge.“ Und Florin? Er entdeckte, dass der Boden unter den Füßen weit mehr zu bieten hatte als alle Wolken der Welt.

Rollen

In unserer modernen Gesellschaft scheint der Hund immer mehr Rollen übernehmen zu müssen, die mit seiner eigentlichen Natur als Tier nur wenig zu tun haben: Seelentröster, Gesprächspartner, Therapeut, Modeaccessoire – und oft auch noch der beste Freund, der uns alles verzeiht. Der Hund wird zunehmend idealisiert, ja fast mystifiziert. In unserer Vorstellung ist er ein Fabelwesen, das alles können soll: Trösten, heilen, beschützen, unterhalten und dabei noch perfekt funktionieren.

Doch bei all diesen Erwartungen stellt sich eine entscheidende Frage: Wo bleibt der Hund als das, was er wirklich ist – ein Tier mit eigenen Bedürfnissen und Instinkten?

Die überfrachteten Erwartungen

Wir haben oft den Blick für das Wesentliche verloren. Ein Hund braucht Sicherheit, Ruhe, Nahrung, Bewegung, Zuneigung und eine klare Kommunikation. Nicht mehr, aber auch nicht weniger.

Was passiert, wenn wir diese grundlegenden Bedürfnisse vergessen und stattdessen unseren Hund in immer neue Rollen drängen? Es entsteht ein verzerrtes Bild vom Hund. Ein Bild, das ihn nicht als eigenständiges

Wesen respektiert, sondern als Projektionsfläche für unsere Wünsche und Bedürfnisse.

Die nächste Rolle: das ewige Baby

Ein aktuelles Beispiel verdeutlicht, wie schnell Hunde in Rollen gedrängt werden, die ihnen nicht gerecht werden. In einer Studie, über die kürzlich in den Medien berichtet wurde, fanden Wissenschaftler heraus, dass Hunde besonders gut auf eine langsame, klare Sprechweise reagieren – ähnlich wie Babys. Vor allem Welpen scheinen empfänglich für diese Ansprache zu sein.

Nun droht die nächste Rolle: der Hund als „ewiges Baby". Natürlich reagieren Hunde auf unsere Stimme und selbstverständlich können wir durch ruhige, klare Kommunikation viel erreichen. Doch der Gedanke, Hunde wie Kleinkinder zu behandeln, führt uns auf einen gefährlichen Pfad. Ein Hund ist kein Baby, das bedingungslos umsorgt werden muss. Er ist ein Tier, das Struktur, klare Regeln und artgerechte Führung benötigt.

Sind Hunde für diese Rollen gemacht?

Ist ein Hund überhaupt in der Lage, all diese Aufgaben zu erfüllen? Und ist es fair, dies von ihm zu verlangen? Natürlich können Hunde trösten, Sicherheit geben und einzigartige Bindungen zu uns Menschen aufbauen.

Doch diese Verhaltensweisen sind keine bewussten Akte des Helfenwollens. Sie entstehen, weil Hunde sich an ihren Menschen orientieren und Teil eines sozialen Gefüges sind.

Hunde sind Meister darin, auf uns zu reagieren und sich anzupassen. Doch je mehr wir sie mit Rollen und Erwartungen überfrachten, desto größer wird die Gefahr, dass wir an ihrem eigentlichen Wesen vorbeigehen. Ein Hund kann nicht gleichzeitig Seelentröster, Babysitter, Beschützer und bester Freund sein.

Zurück zur natürlichen Rolle

Der Fokus sollte darauf liegen, den Hund in seiner natürlichen Rolle zu unterstützen. Was bedeutet das konkret? Es bedeutet, ihm das zu geben, was er wirklich braucht:

- **Klare, liebevolle Führung**, die ihm Orientierung und Sicherheit gibt.
- **Ausreichend Bewegung**, die seinem Energielevel und seiner Rasse entspricht.
- **Ein sicheres Zuhause**, in dem er entspannen und zur Ruhe kommen kann.

- **Zuneigung und Kommunikation**, die seinen Bedürfnissen gerecht werden, ohne ihn zu vermenschlichen.

Vor allem aber bedeutet es, ihn als eigenständiges Wesen zu akzeptieren, das nicht perfekt sein muss und das – wie jeder andere – auch mal Grenzen braucht.

Warum wir Hunde so lieben, wie sie sind

Hunde sind keine Fabelwesen, sondern Tiere – und genau das macht sie so besonders. Ihre bedingungslose Zuneigung ist das Ergebnis von Millionen Jahren der Ko-Evolution mit uns Menschen. Sie brauchen keinen Zauber oder Mystifizierung, um außergewöhnlich zu sein.

Indem wir den Hund wieder Hund sein lassen, schaffen wir eine Beziehung, die auf gegenseitigem Respekt und echtem Verständnis beruht. Und genau das ist der Schlüssel zu einer harmonischen Partnerschaft.

Hunde müssen keine Helden, Babys oder Therapeuten sein. Sie sind einfach Hunde – und das ist mehr als genug.

Fragen zur Selbstreflexion:

1. Welche Rolle spielt dein Hund aktuell in deinem Leben? Siehst du ihn eher als Freund, Therapeut oder vielleicht sogar als Kind?

2. Hast du manchmal das Gefühl, dass du deinem Hund zu viel abverlangst, sei es emotional, physisch oder durch Erwartungen an sein Verhalten?

3. Wie gehst du damit um, wenn dein Hund nicht den Erwartungen entspricht, die du an ihn hast? Was löst das in dir aus?

4. In welchen Momenten behandelst du deinen Hund vielleicht wie ein Baby oder einen Menschen? Wie könntest du ihn stattdessen mehr als Hund wahrnehmen?

5. Wie oft stellst du die Bedürfnisse deines Hundes in den Vordergrund – Bewegung, Ruhe, klare Kommunikation – statt deine eigenen Wünsche an ihn zu projizieren?

6. Gibt es Situationen, in denen du das Gefühl hast, deinen Hund „überbeschützt“ oder „vermenschlicht“ zu behandeln? Wie reagiert dein Hund darauf?

7. Was sind deiner Meinung nach die drei wichtigsten Bedürfnisse deines Hundes? Wie gut schaffst du es, diese zu erfüllen?

8. Wie gehst du mit gesellschaftlichen Trends oder Erwartungen in Bezug auf Hunde um? Lässt du dich von diesen beeinflussen?

9. Was bedeutet es für dich, deinen Hund „Hund sein zu lassen“? Kannst du konkrete Beispiele aus deinem Alltag nennen, wo das gelingt – oder wo es dir schwerfällt?

10. Wie könntest du dich mehr darauf konzentrieren, deinem Hund das zu geben, was er braucht, statt ihm Rollen zuzuschreiben, die nicht seiner Natur entsprechen?

Die Marionette und der Wind

Es war einmal eine Marionette aus feinstem Holz, deren Gliedmaßen mit goldenen Fäden verbunden waren. Sie hing in einer Werkstatt voller Leben, umgeben von Puppen, die tanzen, lachen und singen konnten – wenn man nur an den richtigen Fäden zog. Eines Tages kam ein Puppenspieler in die Werkstatt und verliebte sich in die Marionette. „Du bist besonders," sagte er und nahm sie mit nach Hause. „Du wirst nicht einfach tanzen. Du wirst alles sein, was ich brauche." Zuerst war es aufregend. Der Puppenspieler ließ die Marionette für ihn lachen, wenn er traurig war. Sie tanzte, wenn er sich alleine fühlte und spielte den weisen Ratgeber, wenn er nicht wusste, was er tun sollte. Er zog an ihren Fäden und sie gehorchte. Doch mit der Zeit begann der Puppenspieler immer mehr von ihr zu erwarten. „Sei mein bester Freund," sagte er. „Und wenn ich müde bin, tröste mich." Die Marionette tat ihr Bestes. Ihre Fäden wurden straff gezogen, bis sie kaum noch tanzen konnte. Eines Nachts wehte ein starker Wind durch das Fenster. Die Marionette spürte, wie die goldenen Fäden zitterten und sich lockerten. Zum ersten Mal seit langer Zeit fühlte sie etwas: einen Hauch von Freiheit. Am nächsten Morgen wollte der Puppenspieler sie erneut spielen lassen, doch als er an ihren Fäden zog, bewegte sie sich nicht. Verwundert sah er sie an. „Was ist los?" fragte er.

Die Marionette sprach nicht, doch der Wind flüsterte ihm ins Ohr: „Sie ist keine Marionette, die deine Wünsche erfüllt. Sie ist Holz und Seele, geschaffen, um im Wind zu stehen, nicht an Fäden zu hängen.“ Der Puppenspieler setzte sich hin und betrachtete die Marionette lange. Er sah die feinen Risse im Holz, die von den vielen Rollen erzählten, die sie gespielt hatte. Er bemerkte, wie schwer die goldenen Fäden an ihr lasteten. Schließlich nahm er eine Schere und schnitt die Fäden durch. Die Marionette fiel auf den Boden, doch sie war nicht mehr leblos. Langsam erhob sie sich und bewegte sich, frei von jeder Erwartung. Sie war einfach nur eine Puppe aus Holz – und das war genug. Der Puppenspieler sah sie an und verstand, dass er sie nie wieder zu etwas zwingen durfte. Von diesem Tag an bewunderte er sie für das, was sie war, nicht für das, was sie für ihn sein konnte.

Erwartungshaltung des Menschen

Wollen wir nicht alle einen freundlichen Wegbegleiter? Einen Hund, der uns in jeder Situation zur Seite steht – wie in den großen Filmen, in denen der Hund der treueste Freund des Menschen ist? Wir träumen von einem Gefährten, den wir bedenkenlos auf jede Wanderung mitnehmen können, der sich in jedem Gastgarten ruhig unter den Tisch legt und dessen Anwesenheit unser Leben bereichert.

Das „Wollen“ ist schnell formuliert, ein Wunsch, ein Ziel, eine Absicht. Doch reicht das Wollen allein aus? Die Antwort ist eindeutig: Nein. Der Weg zum erklärten Ziel erfordert nicht nur einen klaren Wunsch, sondern auch das notwendige „Können“, um diesen Wunsch zu realisieren.

Die Realität sieht oft anders aus. Viele Menschen träumen von einem perfekten Hund, vergessen jedoch, dass diese Vision Arbeit, Wissen und Konsequenz erfordert. Ein harmonisches Zusammenleben mit einem Hund ist keine Selbstverständlichkeit, kein Zufall. Es ist das Ergebnis von Vorbereitung, Geduld und einem tiefen Verständnis für das Wesen des Hundes. Der „Kompetenz-Koffer“, den man dafür benötigt, ist umfangreich und ihn zu füllen, erfordert Zeit, Energie und Bereitschaft zur Selbstreflexion.

Die Illusion des einfachen Weges

Leider wird oft der Weg des geringsten Widerstands gesucht. Viele glauben, es reiche aus, dem Hund jede Lebenssituation positiv zu „verkaufen“, ihn mit Keksen und lobenden Worten zu überhäufen. Dabei wird übersehen, dass ein Hund mehr braucht als nur Belohnungen. Hunde sind soziale Wesen, die klare Strukturen, Rollen und eine einfache, aber klare Kommunikation benötigen.

Das „Können“ beginnt genau hier: beim Verständnis für die natürliche Dynamik zwischen Mensch und Hund. Hunde sind darauf angewiesen, dass der Mensch eine verlässliche Führungsrolle übernimmt. Diese Rolle ist nicht autoritär, sondern geprägt von Klarheit, Sicherheit, Respekt und über Jahrhunderte gefestigt. Erst in den letzten Jahren wurde der Hund immer mehr vermenschlicht. Damit eingehend entstanden immer mehr gesellschaftliche Probleme zwischen Mensch und Hund.

Die Frage der Rollenverteilung

Die Rollenverteilung zwischen Mensch und Hund ist entscheidend. Ein Hund muss wissen, was seine Rolle im sozialen Gefüge ist. Um dies zu verdeutlichen, stelle dir vor, du sitzt mit deinem Hund in einem Flugzeug. Du bist der Pilot, der die Verantwortung trägt, der Kurs setzt und dafür sorgt, dass ihr sicher ankommt. Dein Hund hingegen sitzt entspannt in der dritten Reihe, fußfrei, vielleicht mit einem Gläschen Sekt, und genießt die Reise.

Was passiert jedoch, wenn dem Hund das Cockpit überlassen wird, die Steuerung zu übernehmen? Chaos. Wenn der Mensch seine Führungsrolle aufgibt, entsteht Unsicherheit. Der Hund, von Natur aus bestrebt, Lücken in der Hierarchie zu füllen, übernimmt Aufgaben, die ihn überfordern. Das

Ergebnis sind oft unerwünschte Verhaltensweisen wie Leinenaggression, Hüteverhalten, Ruhelosigkeit oder Maßregelungen.

Von der Verantwortung des Steuerns

Wenn wir uns einen souveränen Begleiter wünschen, dann müssen wir auch bereit sein, die Rolle des Piloten zu übernehmen. Das bedeutet: Wir steuern, lenken und delegieren. Wir geben klare Informationen, setzen Grenzen und schaffen eine Atmosphäre, in der der Hund sich sicher und verstanden fühlt.

Dabei reicht es nicht aus, aus der dritten Reihe Snacks ins Cockpit zu werfen, während der Hund dort munter die „Waffen scharf macht“ und das nächste „feindliche Flugzeug“ anvisiert. Die Beziehung zwischen Mensch und Hund ist keine Einbahnstraße, die sich allein durch Leckerlis und Lob ebnen lässt. Sie basiert auf einer Balance aus Vertrauen, Respekt und Klarheit.

Das Zusammenspiel von Wollen und Können

Wollen und Können sind untrennbar miteinander verbunden. Wer nur „will“, ohne bereit zu sein, die Verantwortung zu übernehmen, bleibt oft hinter den eigenen Erwartungen zurück. Doch wer „kann“ – wer sich die nötigen Kompetenzen aneignet, wer sich mit der Sprache und den Bedürfnissen seines Hundes auseinandersetzt –, wird belohnt: mit einem harmonischen Miteinander, das auf gegenseitigem Verständnis basiert. Der Weg zu einem souveränen, verlässlichen Begleiter ist kein einfacher. Aber er ist einer, der sich lohnt. Denn am Ende steht nicht nur ein Hund, der sich in jeder Situation sicher verhält, sondern auch ein Mensch, der gewachsen ist – an sich selbst und an der Beziehung zu seinem treuesten Freund.

Fragen zur Selbstreflexion:

1. Welche Erwartungen hast du an deinen Hund? Sind diese realistisch und im Einklang mit seiner Persönlichkeit, seinen Bedürfnissen und Fähigkeiten?

2. Hast du dich aktiv darauf vorbereitet, deinem Hund ein verlässlicher „Leader" zu sein? Wenn nein, was könntest du tun, um deine Führungsrolle besser auszufüllen?

3. In welchen Situationen verlässt du dich vielleicht zu sehr auf Belohnungen wie Leckerlis, statt klare Strukturen und Grenzen zu setzen?

4. Wie gut verstehst du die Körpersprache und Bedürfnisse deines Hundes? Nimmst du dir regelmäßig Zeit, um ihn zu beobachten und daraus zu lernen?

5. Gibt es Momente, in denen dein Hund versucht, die Führung zu übernehmen? Was denkst du, warum das passiert und wie könntest du besser darauf reagieren?

6. Wie viel Geduld und Konsequenz bringst du in die Erziehung und Führung deines Hundes ein? Gibt es Bereiche, in denen du nachlässig wirst?

7. Bist du bereit, den notwendigen Aufwand – Zeit, Energie, Wissen – zu investieren, um die Beziehung zu deinem Hund zu verbessern? Warum oder warum nicht?

8. Reflektiere eine schwierige Situation mit deinem Hund: Hast du in diesem Moment mehr auf das „Wollen“ oder das „Können“ vertraut? Was hättest du anders machen können?

9. Was bedeutet für dich eine „harmonische Beziehung“ zu deinem Hund? Welche Schritte könntest du unternehmen, um diesem Ziel näherzukommen?

Der Garten der Erwartungen

Es war einmal ein Mann namens Jonas, der von einem prachtvollen Garten träumte. In seinen Gedanken sah er eine grüne Oase voller farbenfroher Blumen, mächtiger Bäume und duftender Kräuter. Die Vögel sollten zwitschern, die Sonne durch das Laub tanzen und der Garten sollte ein Ort der Ruhe und Inspiration sein. Eines Tages stand Jonas mit einer Tasche voller Samen vor einem leeren Stück Land. Voller Eifer begann er, die Samen in die Erde zu werfen. „Das wird ein Meisterwerk", sagte er sich. „Die schönsten Gärten entstehen doch von alleine, oder?" Tag um Tag ging er in seinen Garten, doch statt eines Paradieses wuchs dort ein Durcheinander. Die Samen keimten unregelmäßig, Unkraut wucherte, und die wenigen Blumen, die blühten, wurden von den stürmischen Winden zerstört. Jonas war enttäuscht. „Warum sieht mein Garten nicht aus wie die in den Büchern und Filmen?" fragte er. Eines Tages kam eine alte Gärtnerin vorbei und beobachtete Jonas, wie er frustriert das Unkraut ausriss. „Was hast du erwartet, junger Mann?" fragte sie mit einem Lächeln. „Ich wollte einen wunderschönen Garten", antwortete Jonas. „Ich habe die besten Samen gekauft. Aber er sieht einfach nicht so aus, wie ich es mir vorgestellt habe." Die Gärtnerin nickte nachdenklich. „Ein Garten entsteht nicht nur durch das Wollen", sagte sie. „Er braucht mehr als das.

Es geht um das Können. Weißt du, wie man die Erde vorbereitet, wie man die Pflanzen pflegt, wann sie Wasser brauchen und wann du sie schneiden musst?“ Jonas schüttelte den Kopf. „Aber das ist doch alles so kompliziert. Ich dachte, ich könnte einfach die Samen streuen, und der Rest passiert von selbst.“ Die Gärtnerin lachte. „Ein Garten ist wie eine Beziehung. Er gibt dir nur das zurück, was du investierst. Du musst lernen, ihn zu verstehen, geduldig zu sein und bereit, die Arbeit zu tun.“ Mit diesen Worten bot sie Jonas an, ihm zu helfen. Gemeinsam arbeiteten sie Tag für Tag an dem Garten. Jonas lernte, wie man den Boden lockert, wie man die Pflanzen beschneidet und wie man die richtigen Bedingungen für das Wachstum schafft. Es war harte Arbeit und manchmal fühlte er sich überfordert. Aber mit der Zeit begann der Garten zu erblühen. Ein Jahr später sah Jonas auf seinen Garten und konnte kaum glauben, was er geschaffen hatte. Es war nicht der Garten aus seinen Träumen – er war besser. Denn er war das Ergebnis seiner eigenen Mühe, seiner Geduld und seines neu gewonnenen Wissens.

Erwartungshaltung des Hundes

Jetzt sprechen wir über ein Thema, das oft unterschätzt wird: die Erwartungshaltung deines Hundes. Wusstest du, dass du als Halter weit mehr Einfluss darauf hast, als du vielleicht denkst? In gewisser Weise bist du der Regisseur des Films, den dein Hund „Leben“ nennt. Du entscheidest, wie die Szenen ablaufen, welchen Rhythmus sie haben und welches Drehbuch dabei geschrieben wird. Doch sei gewarnt: Wenn du deinem Hund beibringst, dass jede Szene mit einem Feuerwerk an Aufregung und Getobe beginnt, dann wird er genau das erwarten – immer und immer wieder.

Die Rockstar-Begrüßung – Ein Klassiker

Stellen wir uns ein typisches Szenario vor: Du kommst nach Hause. Dein Hund wartet schon sehnsüchtig hinter der Tür, die Spannung ist greifbar. Sobald du eintrittst, feierst du eure Wiedervereinigung wie ein Rockstar, der gerade ein ausverkauftes Konzert beendet hat: laut, überschwänglich, voller Hektik. Dein Hund springt, bellt, wedelt mit dem Schwanz – und das alles ist für euch beide ein riesiges Spektakel. „Mutti und Papi sind endlich wieder da!“

Das Problem? Dein Hund speichert diese Reaktion ab. Für ihn wird das zur Norm, zur erwartbaren Routine. Beim nächsten Mal erwartet er das gleiche Szenario und wenn du plötzlich weniger enthusiastisch bist, könnte er irritiert, sogar frustriert sein. Schließlich hast du ihm beigebracht, dass Begrüßungen genau so auszusehen haben: explosiv und voller Action.

Die Spielplatz-Falle – Erwartung bei Spaziergängen

Ein weiteres Beispiel: Du hast einen jungen Hund, der bei jedem Spaziergang ausgiebig mit anderen Hunden spielt. Klingt gut, oder? Doch dabei entsteht unbemerkt eine Erwartungshaltung. Bald wird dein Hund davon ausgehen, dass jeder Spaziergang ein riesiges Abenteuer ist, voller Spiel, Spaß und Interaktionen mit anderen Hunden. Möchtest du dann eines Tages einfach nur einen ruhigen Spaziergang machen, wirst du schnell merken, dass dein Hund enttäuscht oder sogar frustriert reagiert. Warum? Weil du ihm beigebracht hast, dass Spaziergänge immer mit Remmidemmi und Gesellschaft verbunden sind. Daraus wird Stress. Er beginnt, in die Leine zu beißen, dich anzuspringen oder bellt jeden Kontakt an.

Warum du keine Welpengruppen brauchst

Oft wird behauptet, diese seien wichtig für die Sozialisierung. Doch was lernen Hunde in solchen Gruppen wirklich? Nicht selten lernen sie dort eher, dass wildes, ungezügeltes Spiel die Norm ist. Schlimmer noch: Der stärkere Hund setzt sich durch, während der sensiblere den Kürzeren zieht. Solche Gruppen entwickeln sich mitunter zu regelrechten „Mobbinggruppen“, in denen Hunde prägende negative Erfahrungen machen.

Währenddessen stehen die Menschen oft abgelenkt am Rand – das Handy in der Hand, bereit für den nächsten Instagram-Post. Dabei übersehen sie, dass ihr Hund gerade eine entscheidende Erwartungshaltung entwickelt: „Spielen ist das Wichtigste und immer erlaubt.“ Diese Haltung kann später zu ernsthaften Problemen führen, wenn der Hund auf Spaziergängen keine Ruhe findet, weil er ständig nach Spielpartnern sucht.

Der Hund als Spiegel des Halters

Es ist essenziell, sich bewusst zu machen, dass wir als Halter eine Schlüsselfigur im Leben unseres Hundes sind. Unsere Signale, unser Verhalten und unsere Routinen prägen ihn stärker, als wir oft wahrhaben wollen. Jeder Moment, den wir mit unserem Hund teilen, formt seine Sicht auf die Welt und setzt Erwartungen.

Das bedeutet nicht, dass du deinen Hund langweilen oder jede Freude aus seinem Alltag streichen sollst. Es geht vielmehr darum, bewusst zu entscheiden, welche Signale du sendest und welche Routinen du etablierst. Willst du einen Hund, der ruhig und entspannt ist, dann solltest du auch diese Ruhe vorleben.

Das Drehbuch der Verhaltensweisen

Du bist der Drehbuchautor seines Lebens. Überlege dir gut, welches Skript du schreibst: Soll es ein Actionfilm sein, in dem jede Szene laut, hektisch und voller Adrenalin ist? Oder willst du eher einen ruhigen, ausgeglichenen Indie-Film, in dem beide Protagonisten – Mensch und Hund – im Einklang agieren?

Ein gutes Drehbuch beinhaltet Balance. Es gibt Raum für Abenteuer, aber auch für Ruhe und Reflexion. Dein Hund wird es dir danken, wenn du klare, beständige Erwartungen setzt. Denn Hunde lieben Struktur. Sie fühlen sich sicher und geborgen, wenn sie wissen, woran sie sind.

Achtsamkeit als Schlüssel

Sei achtsam. Beobachte, was dein Hund in eurem Alltag lernt, und frage dich, ob die Erwartungen, die er entwickelt, zu einem harmonischen Zusammenleben führen.

Du hast die Verantwortung und gleichzeitig die Chance, seinem Leben eine positive Richtung zu geben. Schaffe einen Alltag, der nicht nur aus Action besteht, sondern auch Raum für Entspannung, Geduld und klare Kommunikation bietet.

Am Ende des Tages zählt nicht, wie viele Kunststücke dein Hund beherrscht oder wie viele aufregende Abenteuer ihr erlebt. Es zählt, wie harmonisch und ausgeglichen eure Beziehung ist – und das beginnt mit den richtigen Erwartungen.

Fragen zur Selbstreflexion:

1. Welche Routinen oder Verhaltensweisen hast du unbewusst etabliert, die zu bestimmten Erwartungen bei deinem Hund führen könnten?

2. Wie sieht die Begrüßungssituation aus, wenn du nach Hause kommst? Ist sie ruhig und gelassen oder hektisch und überschwänglich? Was könnte dein Hund daraus lernen?

3. Wie gestaltest du eure Spaziergänge? Erwartet dein Hund immer Action und Abenteuer oder

gibst du ihm auch die Möglichkeit, Ruhe und Gelassenheit zu üben?

4. Hast du schon einmal bemerkt, dass dein Hund frustriert reagiert, wenn seine Erwartungen nicht erfüllt werden? Wie gehst du in solchen Momenten damit um?

5. Wie achtsam bist du im Umgang mit deinem Hund? Beobachtest du bewusst, wie er auf bestimmte Routinen und Verhaltensweisen reagiert?

6. Hast du klare Vorstellungen davon, welche Erwartungshaltungen dein Hund entwickeln soll, um harmonisch mit dir zusammenzuleben? Wie setzt du diese um?

7. Gibt es Situationen, in denen du durch dein eigenes Verhalten stressfördernde Erwartungen bei deinem Hund geschaffen hast?

8. Wie kannst du im Alltag eine Balance zwischen Aktivität und Ruhe für deinen Hund schaffen?

9. Bist du dir der Wirkung bewusst, die dein Verhalten auf die innere Haltung deines Hundes hat? Inwiefern spiegeln seine Reaktionen dich als Halter wieder?

10. Welche kleinen Veränderungen könntest du vornehmen, um die Erwartungen deines Hundes an euren gemeinsamen Alltag positiver und ausgeglichener zu gestalten?

Die Melodie des Tages

In einem kleinen Dorf lebte Anna, eine Musikerin, die jede freie Minute an ihrem Klavier verbrachte. Ihr treuer Begleiter war ein Hund namens Allegro, ein lebhafter Mischling, der seinen Namen alle Ehre machte. Vom ersten Tag an war Allegro fasziniert von Annas Musik, besonders von den Stücken, die in schnellem Tempo gespielt wurden. Jeden Morgen begann Annas Routine gleich: Sobald sie die Augen öffnete, spielte sie ein fröhliches, schnelles Stück auf ihrem Klavier. Allegro sprang umher, bellte vor Freude und wedelte begeistert mit dem Schwanz. Es war, als würde die Musik ihn zum Leben erwecken. Nach dem Frühstück ging Anna mit Allegro spazieren, wo er wild durch die Wiesen rannte und jeden Hund zum Spielen aufforderte. Der Tag endete oft mit einem weiteren schnellen Stück, während Allegro mit Spielzeug durchs Wohnzimmer tobte. Doch eines Tages wurde Anna krank. Ihre Energie war erschöpft und die schnellen Melodien blieben aus. Stattdessen spielte sie leise, ruhige Klänge, die wie ein sanfter Fluss durch das Haus flossen. Allegro war verwirrt. Er stand vor dem Klavier, jaulte und stupste Anna an. „Wo ist das Tempo?“, schien sein Blick zu fragen. Als sich Annas Krankheit hinzog, bemerkte sie, dass Allegro unruhig wurde. Er bellte häufiger, sprang an ihr hoch und suchte hektisch nach dem, was fehlte. Anna war ratlos. Sie hatte ihm doch alles gegeben – Liebe, Aufmerksamkeit und Musik. Warum war er jetzt so unzufrieden? Eines Nachmittags, als sie sich schwach ans Klavier setzte, wurde ihr klar: Sie hatte Allegro eine Erwartungshaltung beigebracht. Jeden Tag hatte sie ihm den Rhythmus ihres Lebens diktiert, schnell und voller Energie. Nun, da der Rhythmus sich geändert hatte, konnte Allegro sich nicht anpassen. In den folgenden Tagen begann Anna, den Takt neu zu setzen. Sie spielte ruhige, langsame Stücke und ließ Allegro neben sich Platz nehmen. Zunächst war er frustriert, doch nach und nach entspannte er sich. Die Spaziergänge wurden weniger aufregend, dafür lehrte sie ihn, an ihrer Seite zu gehen und die Natur zu beobachten. Nach Wochen der neuen Routine wurde Allegro ein anderer Hund. Er begann, die leisen Töne zu schätzen, ruhte mehr und reagierte gelassener auf Veränderungen. Die schnellen Stücke spielten nun nur noch gelegentlich eine Rolle und selbst dann sprang Allegro nicht mehr aufgeregt umher – er lauschte einfach und wedelte still mit dem Schwanz.

Die Geister, die ich rief

Wie du die geistige Haltung deines Hundes prägst

Es gibt einen weit verbreiteten Trend, besonders bei Welpen, dass Menschen es mit der Liebe und Zuwendung zu gut meinen – und zwar so gut, dass sie das Zuhause sofort in einen Freizeitpark für den kleinen Hund verwandeln. Spielzeug, Tunnel, Quietschfiguren, und ein Übermaß an Interaktionen sind an der Tagesordnung. Der Welpe wird von einem Spielzeug zum nächsten getragen, alles wird wild beknabbert und bespielt. Es ist ein wahres Paradies für den kleinen Hund – ein Paradies, das aber auch seine Schattenseiten hat. Denn während der Hund in dieser „Party"-Umgebung lebt, prägt sich in seinem Kopf ein ganz bestimmtes Bild: „Hier ist immer Party!"

Und was anfangs noch süß und niedlich wirkt, wird später zu einem Problem. Denn das, was der Hund hier lernt, sind nicht nur die Spielregeln des Lebens, sondern vor allem, wie er sich in der Welt der Menschen zurechtfindet. Der Welpe lernt, dass er die Kontrolle über das Geschehen hat, dass es immer wieder neue, aufregende Dinge gibt und dass alles, was sich bewegt oder eine Geräuschkulisse bietet, Aufmerksamkeit verdient. In diesem Umfeld wird er zum kleinen „Feierbiest", das jede Gelegenheit zur Feier nutzt. Später wird der Junghund dann zu einem hibbeligen Begleiter, der keine klare Vorstellung davon hat, wie man sich in einem normalen Alltag verhält.

Das Wohnzimmer, das zu seiner ersten „Party-Station" wurde, verliert nie die Bedeutung, die es in seinen Augen hatte. Die Party zieht sich weiter: Im Garten wird alles verbellt, beim Spaziergang zieht er an der Leine und reißt an der Leine, da er ja bis zu diesem Zeitpunkt „frei" machen konnte, was er wollte. Das Konzept eines entspannten Spaziergangs wird zunehmend unrealistisch. Was als süßer Welpe begann, hat nun Konsequenzen, die sich durch das ganze Leben des Hundes ziehen.

An diesem Punkt ist es nicht selten, dass sich Hundebesitzer fragen: „Warum lässt er sich nicht disziplinieren?

Warum hört er nicht auf mich?“ Der Versuch, in wöchentlichen Trainingsstunden mit Sitz- und Platz-Übungen Ruhe und Disziplin zu etablieren, scheitert oft, weil die Struktur und die Basis fehlen. Der Hund hat nie gelernt, was es bedeutet, in einem Raum mit Regeln und klaren Grenzen zu agieren. Anstatt sich auf ein strukturiertes Miteinander einzulassen, wird er durch das Fehlen von klaren Vorgaben in seiner wilden „Party“-Welt gefangen.

Das Fazit, das dann oft folgt, lautet: „Der ist halt so, den kann man nicht bremsen, der ist ja noch jung.“ Doch hier liegt die Illusion. In Wahrheit ist es nicht die Jugend, die für dieses Verhalten verantwortlich ist, sondern die fehlende Struktur und Führung in den frühen Lebensjahren. Ohne diese wird der Hund genau das lernen, was wir ihm beibringen: dass er sich selbst organisieren muss, dass er den Rhythmus bestimmt und dass die Welt eine Bühne für sein ungestümes Verhalten ist.

Es ist keineswegs so, dass der Welpe nicht auch in jungen Jahren lernen kann, was „Ruhe“ und „Respekt“ bedeuten. Es geht darum, ihm von Anfang an die richtige Grundlage zu bieten – eine Grundlage, die von Klarheit, Ruhe und einer konsequenten Haltung geprägt ist. Ein Hund, der in einer Umgebung mit festen Regeln, klarer Struktur und Wertschätzung für den Menschen aufwächst, wird sich nicht als Dauergast auf der „Party-Szene“ wiederfinden. Vielmehr wird er ein ruhiger, ausgeglichener Begleiter, der versteht, wann es Zeit für Spaß ist und wann es Zeit ist, zur Ruhe zu kommen.

Doch diese Veränderung beginnt nicht mit der Vorstellung, dass der Welpe irgendwann „lernen wird, ruhig zu sein“ – es beginnt mit der Art und Weise, wie wir ihm das Leben zu Beginn beibringen. Jeder Moment, jedes Spiel und jede Interaktion trägt dazu bei, das Bild zu formen, das der Hund von der Welt bekommt. Wir müssen uns bewusst machen, dass der Welpe nicht nur mit uns spielt, sondern auch mit den Regeln und Grenzen, die wir ihm setzen.

Die wahre Herausforderung ist, eine geistige Haltung zu entwickeln, die nicht nur für den Hund, sondern auch für uns als Besitzer klar und konsequent ist. Diese Haltung schafft Sicherheit für den Hund und Vertrauen in die Führung des Menschen. Und genau das ist es, was den Unterschied ausmacht: Es geht nicht darum, das Leben des Hundes mit Spielzeug und Ablenkung zu überladen, sondern ihm klare, verständliche und ruhige Richtlinien zu geben. Wenn der Welpe versteht, was er darf und was nicht, wird er nicht nur ein ausgeglichenerer Hund, sondern auch ein harmonischer Begleiter für uns Menschen.

Die „Geister, die wir riefen“, sind die Gewohnheiten und die Mentalität, die wir von Anfang an schaffen. Die Frage ist: Möchtest du, dass dein Hund zu einem „Partygänger“ wird oder zu einem ruhigen, respektvollen Begleiter, der auch die Momente der Ruhe und der Disziplin schätzt? Letztlich liegt die Verantwortung bei dir – und das ist eine der wertvollsten Lektionen, die du deinem Hund von Anfang an beibringen kannst.

Fragen zur Selbstreflexion:

1. Wie gestaltest du die ersten Wochen im Leben deines Welpen? Erzeugst du eine ruhige, strukturierte Umgebung oder eine von ständiger Aufregung geprägte?

2. Welche Routinen hast du etabliert, die das Verhalten deines Hundes langfristig beeinflussen? Sind diese förderlich für ein ausgeglichenes Miteinander?

3. Hast du deinem Hund bewusst beigebracht, dass auch Ruhe und Gelassenheit Teil des Alltags sind? Wie setzt du das um?

4. Achte darauf, wie dein Hund sich in Situationen mit neuen Reizen verhält. Könnte sein Verhalten darauf zurückzuführen sein, wie du ihm den Umgang mit seiner Umgebung beigebracht hast?

5. Welche Signale sendest du deinem Hund im Alltag? Fördern diese eher Unruhe und „Partystimmung“ oder Ruhe und Konzentration?

6. Wie reagierst du auf überschäumende Energie deines Hundes? Verstärkst du diese unbewusst oder leitest du sie bewusst in ruhige Bahnen um?

7. Welche Regeln und Grenzen hast du deinem Hund von Anfang an vermittelt? Gibt es Bereiche, in denen du konsequenter sein könntest

8. In welchen Bereichen hast du möglicherweise ungewollt „Geister gerufen“? Wie könntest du daran arbeiten, diese Verhaltensmuster zu ändern?

9. Welche Maßnahmen könntest du ergreifen, um deinem Hund mehr Sicherheit und Klarheit zu bieten, damit er sich nicht selbst „organisieren“ muss?

Die Maschine des endlosen Spiels

In einer kleinen Werkstatt, verborgen am Rande eines stillen Dorfes, baute ein Mann namens Arvin eine wundersame Maschine. Arvin liebte seine Welpen und wollte, dass sie in ihrem neuen Zuhause glücklich waren. Seine Erfindung war daher eine „Spielmaschine“, die unaufhörlich leuchtende Bälle, springende Figuren und singende Vögel produzierte. „Das wird jeden Welpen zum Strahlen bringen“, sagte er stolz, als er das erste Exemplar an die Familien verkaufte. Eine Frau namens Clara, die gerade einen kleinen Hund namens Milo gekauft hatte, kaufte die Maschine voller Begeisterung. Sie wollte, dass Milo die schönste Kindheit hatte, die man sich vorstellen konnte. Sobald sie die Maschine einschaltete, füllte sich ihr Wohnzimmer mit fröhlichem Chaos. Milo rannte den Bällen hinterher, bellte die springenden Figuren an und hüpfte zu den singenden

Melodien. Clara lachte, überzeugt, dass ihr Welpe das beste Leben führte. Doch mit der Zeit bemerkte sie etwas Seltsames. Milo wurde nie müde. Selbst wenn sie die Maschine ausschaltete, sprang er weiterhin durch die Wohnung, suchte verzweifelt nach neuen Reizen und heulte, wenn nichts passierte. „Er hat so viel Energie", dachte Clara, „ich sollte die Maschine einfach länger laufen lassen." Wochen vergingen und das einst fröhliche Chaos verwandelte sich in eine ständige Belastung. Milo konnte nicht mehr still sitzen, zerrte an der Leine, bellte alles an, was sich bewegte, und wurde nervös, sobald Clara versuchte, eine ruhige Minute zu finden.

Eines Tages kam Arvin persönlich vorbei, um zu sehen, wie sich seine Erfindung bewährte. Er fand Clara völlig erschöpft und Milo, der rastlos durch die Wohnung lief. Clara sah ihn an und sagte: „Ich wollte nur, dass er glücklich ist. Warum ist er jetzt so außer Kontrolle?" Arvin nickte nachdenklich. „Die Maschine hat Milo beigebracht, dass das Leben immer voller Reize sein muss. Er hat nie gelernt, was Stille bedeutet. Die Geister, die wir rufen, formen die Welt, in der wir leben – und die Welt, in der Milo lebt, ist eine endlose Party." „Kann man das wieder ändern?" fragte Clara hoffnungsvoll. „Ja", sagte Arvin. „Ich habe euch mit meiner Maschine Unheil gebracht. Aber es erfordert Geduld und Konsequenz. Schalte die Maschine aus, nicht nur für einen Moment, sondern dauerhaft. Zeige Milo, dass es auch eine Welt gibt, in der Ruhe herrscht, in der er nicht immer reagieren muss. Und vor allem: Sei selbst ruhig und beständig. Wenn du den Raum für Gelassenheit schaffst, wird Milo ihn irgendwann erkennen und annehmen." Clara nahm sich diese Worte zu Herzen. Es war ein langer Weg, doch nach einigen Monaten begann Milo, die Stille zu schätzen. Er legte sich an Claras Füße, beobachtete ruhig die Welt um sich herum und lernte, dass nicht jeder Moment eine Party sein muss.

Training vs. Erziehung

In meinen Coachings lege ich den Fokus klar auf die Erziehung der Hunde – ein Ansatz, der sich fundamental von dem vieler Hundeschulen unterscheidet. Dort beginnt der Alltag oft mit Training: „Sitz, Platz, Bleib“, gefolgt von wildem Spiel mit anderen Welpen. Am Ende kehren Hund und Halter erschöpft nach Hause zurück, wobei die Hunde oft eine klare Erwartungshaltung entwickeln: Hundeplatz bedeutet Futter, Kommandos und Toben. Wollen wir das?

Meine Herangehensweise ist anders. Bevor ein Hund lernt, auf Kommando zu sitzen oder zu bleiben, sollte er wissen, wie er sich in der Gesellschaft zu benehmen hat. Das bedeutet: kein Anspringen von Menschen oder Hunden, kein Beißen in die Leine oder Schuhe und keine überschäumende Ungeduld. Diese Grundregeln des Zusammenlebens sind essenziell. Sie schaffen die Basis für eine Beziehung, die von Klarheit, Ruhe und gegenseitigem Respekt geprägt ist.

Nichtbotschaften als Grundlage

Anfangs vermittle ich dem Hund vor allem sogenannte Nichtbotschaften. Das sind klare, unaufgeregte Signale, was nicht erwünscht ist. Diese Botschaften erfolgen ruhig und konsequent, ohne Hektik oder Drama. Sobald der Hund diese Spielregeln verinnerlicht hat, folgt Lob – nicht in Form von übermäßiger Begeisterung oder Leckerlis, sondern durch ehrliches Streicheln und ruhige Zuwendung.

Als Pädagoge vergleiche ich diesen Ansatz gerne mit der Schulbildung von Kindern. Ein Kind sollte mit einer gewissen Grunderziehung die Schule betreten: Es spuckt nicht, ist nicht frech und hält sich an grundlegende Umgangsformen. Erst wenn diese sozialen Regeln klar sind, kann das Kind sich auf das eigentliche Lernen – Lesen, Schreiben, Rechnen – konzentrieren. Sie müssen lernen, respektvoll miteinander umzugehen, nicht zu schubsen, sich nicht zu beschimpfen oder Gegenstände wegzunehmen. Wenn ein Kind diese sozialen Grundlagen nicht beherrscht, wird es in der Schule Schwierigkeiten haben, zu lernen. Dies ist in unserer heutigen Gesellschaft immer öfter der Fall. Auf die Gründe bin ich bereits im Kapitel „ Gesellschaft" eingegangen. Genauso ist es bei Hunden. Die Grundlagen der Erziehung müssen sitzen, bevor man sich auf spezifische Trainings oder sportliche Aktivitäten einlässt. Bevor sie beginnen, komplexe Aufgaben zu erlernen, müssen sie verstehen, wie sie sich in der Gesellschaft verhalten und wie sie respektvoll mit anderen Hunden und Menschen umgehen.

„So ein Zirkus“ – Die Unterhaltungsindustrie für Hunde

In der heutigen Hundewelt scheint das Angebot an Aktivitäten keine Grenzen zu kennen. Welpenyoga, Agility-Kurse, Hundewellness-Tage – es gibt kaum etwas, das nicht angeboten wird. Doch während unsere Vierbeiner von einem Programmpunkt zum nächsten hetzen, bleiben die grundlegenden Kompetenzen eines Familienhundes oft auf der Strecke.

Was wünschen sich die meisten Hundehalter wirklich? Einen Hund, der ruhig und entspannt an der Leine läuft, der nicht an jeder Ecke bellt und der auch mal allein zu Hause bleiben kann. Doch statt diese grundlegenden Fähigkeiten zu fördern, werden Hunde zunehmend mit einem Übermaß an Aktivitäten überladen, die oft mehr den Bedürfnissen ihrer Besitzer als ihren eigenen dienen. Ähnlich erkennt man diese Verhaltensmuster bei Familien. Kinder haben verlernt, dass es Langeweile gibt. Sie kommen von der Schule nach Hause und hetzen gestresst mit ihren Eltern von einem Nachmittagsprogrammpunkt zum nächsten. Vom Ballett zum Ponyreiten, von der Nachhilfe zum Geburtstag einer Mitschülerin. Dann schnell nach Hause, waschen und ab ins Bett. Wo bleibt die Zeit für Beziehung, Ruhe und Harmonie?

Die Bedeutung von sozialer Kompetenz

Wenn wir einen Hund erziehen, sollten wir uns immer bewusst machen, dass es nicht nur um die technischen Fähigkeiten geht. Agility, Rally Obedience, Mantrailing oder Trickdogging sind alles wunderbare Disziplinen, in denen Hunde lernen, sich zu fokussieren und Aufgaben zu erfüllen. Doch bevor ein Hund mit solchen Aktivitäten beginnen kann, braucht er soziale Fähigkeiten, die ihm das Zusammenleben in unserer Gesellschaft ermöglichen. Ein Hund, der nicht weiß, wie er sich respektvoll verhalten soll, wird Schwierigkeiten haben, sich auf komplexere Aufgaben wie Agility zu konzentrieren. Denn das Leben besteht nicht nur aus dem schlichten Tun, sondern vor allem aus sozialen Interaktionen, Kommunikation und Beziehung.

Die „Hundewelt“ verstehen

Die Welt der Hunde ist riesig. Es gibt unzählige Möglichkeiten, wie Hunde und ihre Besitzer gemeinsam etwas erreichen können. Aktivitäten wie Agility, Rally Obedience, Canicross, Mantrailing oder Trickdogging sind nur ein Bruchteil dessen, was möglich ist. Doch all diese Disziplinen haben eines gemeinsam: Sie setzen voraus, dass der Hund die grundlegenden sozialen Fähigkeiten beherrscht. Wenn ein Hund in der Lage ist, sich ruhig und respektvoll zu verhalten, wird er viel eher in der Lage sein, sich auf komplexere Aufgaben zu konzentrieren.

Das bedeutet jedoch nicht, dass man dem Hund nur soziale Fähigkeiten beibringen soll und die eigentlichen Fähigkeiten der „Arbeit“ auf später verschieben muss. Im Gegenteil: Diese Fähigkeiten sollten Hand in Hand gehen. Der Hund lernt nicht nur, wie er sich sozial verhält, sondern auch, wie er sich auf die Aufgaben konzentriert, die von ihm verlangt werden.

Die Visitenkarte eines Trainers

Wenn du dir unsicher bist, welches Angebot das richtige für dich und deinen Hund ist, gibt es eine einfache Methode: Die beste Visitenkarte eines Trainers sind seine eigenen Hunde. Sind diese ruhig, souverän und ausgeglichen? Dann ist das ein Zeichen dafür, dass hier Wert auf Erziehung und nicht nur auf Training gelegt wird.

Ein gut erzogener Hund ist kein Zirkushund, der jeden Trick beherrscht, sondern ein angenehmer Begleiter, der sich in verschiedenen Alltagssituationen sicher und souverän verhält. Diese Sicherheit entsteht durch klare Führung und eine Erziehung, die auf die wahren Bedürfnisse des Hundes ausgerichtet ist – nicht auf die neueste Modeerscheinung oder den nächsten „Wow-Effekt“.

Erziehung als Grundlage für alles Weitere

Natürlich ist es schön, wenn unser Hund Spaß hat und wir ihm Abwechslung bieten können. Doch die Basis für jedes harmonische Zusammenleben ist Erziehung, nicht Training. Ein Hund, der die Grundlagen beherrscht, fühlt sich sicher und geborgen. Er weiß, woran er ist, und kann entspannt durchs Leben gehen – eine Win-win-Situation für Mensch und Tier.

Lassen wir uns also nicht von dem Zirkus um immer neue Hundetrends blenden. Stattdessen sollten wir uns darauf besinnen, was wirklich zählt: Ruhe, Entspannung und ein harmonisches Miteinander durch klare Kommunikation. Nur so wird aus einem Hund ein verlässlicher und glücklicher Begleiter, der unser Leben bereichert.

Fragen zur Selbstreflexion:

1. Wie definierst du den Unterschied zwischen Erziehung und Training bei deinem Hund? Legst du mehr Wert auf das Eine als auf das Andere? Warum?

2. Welche grundlegenden sozialen Fähigkeiten hat dein Hund bereits gelernt und in welchen Bereichen gibt es noch Verbesserungsbedarf?

3. Wie sorgst du dafür, dass dein Hund versteht, was von ihm erwartet wird, ohne ihn dabei zu überfordern?

4. In welchen Situationen neigst du dazu, „Training“ mit Kommandos zu priorisieren, anstatt den Fokus auf ruhiges und respektvolles Verhalten zu legen?

5. Welche Rolle spielt das Bedürfnis nach sozialer Kompetenz bei der Auswahl von Aktivitäten oder Hundetrainingsprogrammen? Priorisierst du dies ausreichend?

6. Hast du das Gefühl, dass dein Hund sich in eurer Beziehung sicher und geborgen fühlt? Woran machst du das fest?

7. Bist du anfällig für Trends in der Hundewelt, wie neue Aktivitäten oder Angebote? Wie prüfst du, ob diese wirklich zu den Bedürfnissen deines Hundes passen?

8. Was möchtest du langfristig in der Beziehung zu deinem Hund erreichen, und wie hilft dir der Fokus auf Erziehung dabei, dieses Ziel zu erreichen?

Der Fuchs und der Baum

Es war ein kleiner Wald, in dem der alte Eichenbaum stand. Der Baum war in all den Jahren zu einem Symbol für Stärke und Ruhe geworden. Seine Äste breiteten sich weit aus und die Wurzeln waren tief in der Erde verankert. Doch der Baum hatte eine Geschichte, die von Anfang an mit Geduld und Weisheit geschrieben war. Eines Tages kam ein junger Fuchs in den Wald. Der Fuchs war voller Energie, sprang von einem Ort zum nächsten, schnüffelte und lief voller Begeisterung, ohne sich wirklich zu sammeln. Er war immer in Bewegung, immer auf der Jagd nach dem nächsten Abenteuer. Der alte Baum beobachtete den Fuchs und seufzte leise. „Warum so aufgeregt, junger Fuchs?“ fragte der Baum. „Ich will lernen, schneller zu sein, besser zu jagen und mein Territorium zu erobern!“ antwortete der Fuchs mit einem breiten Grinsen. „Ich will alles wissen und sofort tun können.“ Der Baum nickte langsam, seine Äste raschelten im Wind. „Schnelligkeit ist gut, doch ohne eine starke Basis wirst du nie wirklich weit kommen. Schau mich an – ich bin nicht über Nacht so gewachsen. Meine Wurzeln brauchten Jahre, um sich tief in die Erde zu graben, bevor ich mit meinen Ästen in den Himmel wuchs.“ Der Fuchs sah den Baum fragend an. „Wurzeln? Was meinst du damit?“ „Es bedeutet, dass du zuerst lernen musst, ruhig zu sein und dich zu sammeln. Es bedeutet, dass du lernen musst, wann du aufhören musst, zu jagen, wann du innehalten und dich dem natürlichen Rhythmus anpassen solltest. Ein Baum muss wissen, wann er seine Blätter abwirft und wann er wächst. Nur so wird er stark und beständig. Genauso muss auch ein Tier wissen, wie es sich in seiner Umgebung verhält.“ „Und das ist nicht Teil des Trainings?“, fragte der Fuchs, der nun unsicher wirkte. „Training ist wie das Schlagen eines Hammers auf einen Amboss“, antwortete der Baum ruhig. „Es ist etwas, das dich zu einem bestimmten Ziel führt, aber es wird dich nicht zu einem starken, gesunden Wesen machen, wenn du die Grundlage nicht legst. Du kannst lernen, schneller zu jagen, zu springen oder Kunststücke zu machen, doch das bedeutet nicht, dass du wirklich verstanden hast, wie du dich in der Welt verhalten sollst. Bevor du etwas anderes tust, musst du die grundlegenden Regeln des Lebens verstehen. Du musst lernen, die Erde zu respektieren und den Wind zu hören." Der Fuchs setzte sich unter den Baum und dachte nach. Der Vergleich zwischen dem Training und der Erziehung war ihm jetzt klarer geworden. Es war, als ob der Baum ihm sagte, dass er den ersten Schritt nicht überspringen dürfe, um zu einem gesunden, ausbalancierten Leben zu kommen. Er musste lernen, zu warten und zuzuhören, bevor er sich auf die Jagd machte. In den nächsten Wochen beobachtete der Fuchs den Baum und übte sich in Geduld. Er begann, ruhig unter den Ästen zu sitzen und den Wind zu spüren, bevor er sich auf den nächsten Sprung vorbereitete. Langsam begann er, die kleinen Details zu bemerken – wie die Tiere im Wald miteinander kommunizierten, wie die Vögel flogen und wie der Regen die Erde nährte. Der Fuchs lernte, dass es mehr gab als nur das Tun und Erreichen. Es gab auch das Verstehen und Anpassen. Mit der Zeit wurde der Fuchs schneller und geschickter, aber nicht auf die nervöse, hektische Weise, die er zuvor gekannt hatte. Er bewegte sich ruhig und sicher, wusste, wann er handeln musste und wann er warten konnte. Der Baum hatte ihm nicht nur gezeigt, wie man das Handwerk beherrscht, sondern auch, wie man die Welt respektiert und in ihr lebt. So wuchs der Fuchs, nicht nur in seinen Fähigkeiten, sondern auch in seiner Weisheit. Er hatte gelernt, dass wahre Stärke nicht im schnellen Handeln liegt, sondern im Verständnis und in der Geduld, die notwendig sind, um die Welt um einen herum zu begreifen. Und so, wie der Baum Jahr für Jahr in die Höhe wuchs, tat es auch der Fuchs – nicht nur im Wissen um seine Fähigkeiten, sondern auch im tiefen Verständnis seiner selbst und seiner Umgebung. Denn wahre Erziehung beginnt nicht bei den Kommandos, sondern in der Fähigkeit, die Ruhe zu finden und sich in der Welt zurechtzufinden.

Das große Ganze im Blick haben

In meinen Coachings lege ich einen besonderen Fokus auf die körpersprachliche Kommunikation zwischen Mensch und Hund. Warum? Weil es mir nicht nur darum geht, den Hunden bestimmte Verhaltensweisen beizubringen, sondern vor allem darum, den Menschen eine tiefere und authentische Kommunikationsebene mit ihren Hunden zu vermitteln. Oft ist dies für viele Hundebesitzer Neuland, da sie bisher vor allem mit positiven Verstärkern gearbeitet haben. Diese Herangehensweise kann zwar kurzfristig funktionieren, aber sie stellt selten eine nachhaltige Lösung dar, wenn es um die grundlegende Beziehung zwischen Mensch und Hund geht. Deshalb erkläre ich meinen Klienten immer wieder, dass es wichtig ist, das große Ganze im Blick zu haben.

Hunde sind unglaublich aufnahmefähig und verstehen die subtilsten Signale, die wir senden. Viel zu oft versuchen wir, ein bestimmtes Verhalten von unserem Hund zu dressieren, ohne die zugrunde liegende Kommunikation zu verstehen. In meinen Coachings geht es nicht nur darum, wie man dem Hund beibringt, mit Futter in der Hand ruhig an der Leine zu gehen oder nicht an der Tür zu springen, sondern darum, wie man als Mensch mit einer klaren, authentischen Körpersprache dem Hund zeigt, wie man sich in der Gesellschaft verhält.

Körpersprache als Kommunikationsmittel

Hunde sind Meister der Körpersprache. Sie kommunizieren ständig miteinander – durch ihre Haltung, ihre Mimik, ihre Bewegungen und die Art, wie sie sich im Raum positionieren. Für Hunde ist diese Form der Kommunikation vollkommen natürlich, doch viele

Menschen sind es nicht gewohnt, ihren Körper bewusst als Kommunikationsmittel einzusetzen. In den meisten Fällen verlassen sich Hundebesitzer auf verbale Kommandos, Leckerlis oder andere äußere Verstärker. Diese Herangehensweise ist zwar nicht grundsätzlich falsch, doch sie vernachlässigt eine fundamentale Ebene der Kommunikation: die Körpersprache.

Das körpersprachliche Arbeiten mit den Hunden ermöglicht es uns, eine tiefere Verbindung aufzubauen. Hunde spüren sofort, ob wir uns in einer Situation sicher und klar fühlen oder ob wir uns unsicher und unentschlossen verhalten. Unsere Körpersprache ist oft das erste Signal, das der Hund wahrnimmt, bevor er unser Wort versteht. Diese nonverbale Kommunikation bietet eine viel präzisere und zuverlässigere Möglichkeit, dem Hund zu zeigen, was wir von ihm erwarten und wie er sich zu verhalten hat.

Das große Ganze: Sozialverhalten und Regeln

Die Grundlage meiner Coachings ist es, den Hunden beizubringen, wie sie sich in der Gesellschaft zu verhalten haben. Es geht nicht nur darum, wie sie bestimmte Tricks oder Kommandos ausführen, sondern darum, wie sie sich respektvoll und sozial adäquat verhalten können. Ein Hund, der in der Gesellschaft nicht weiß, wie er sich zu benehmen hat – sei es beim Spaziergang, in der Begegnung mit anderen Hunden oder im Umgang mit Menschen – wird immer wieder in Schwierigkeiten geraten. Ein Hund, der ständig an der Leine zieht, andere Hunde anbellt oder Menschen anspringt, wird in jeder Situation Probleme verursachen.

In meinen Coachings geht es deshalb auch darum, den Hunden klarzumachen, dass sie bestimmte Verhaltensweisen nicht zeigen dürfen. Dazu gehört, dass sie nicht an der Leine ziehen, dass sie nicht unhöflich oder respektlos gegenüber Menschen sind und dass sie lernen, Regeln zu respektieren und nicht ständig zu brechen. Das bedeutet nicht, dass der Hund ständig „gerade“ oder „perfekt“ sein muss, aber er muss verstehen, dass es in seinem Rudel klare Regeln gibt, die er befolgen sollte.

Der Fokus auf das Hier und Jetzt

Ein weiterer wichtiger Aspekt in meinen Coachings ist, dass Hundebesitzer lernen müssen, im „Hier und Jetzt“ zu sein. Zu oft wird der Blick auf die Zukunft oder die Vergangenheit gerichtet. „Der Hund zieht eh IMMER an der Leine“ oder „Ich will, dass er so brav wird, wie mein verstorbener Hund“. Doch all diese Gedanken lenken vom Moment ab. Im Coaching geht es darum, den Hund im „Jetzt“ wahrzunehmen und in der Gegenwart zu handeln. Die Fähigkeit, im Moment zu bleiben, fördert nicht nur die Beziehung zwischen Mensch und Hund, sondern hilft auch, das Vertrauen und die Kommunikation zwischen beiden zu stärken.

Vorausschauendes Handeln und Sicherheit schaffen

Ein Hund, der weiß, wie er sich in der Gesellschaft zu verhalten hat, wird nicht nur sicherer, sondern auch vorausschauender. Er lernt, auf seine Umgebung zu achten, den Fokus zu behalten und situationsabhängig zu reagieren. Wenn wir uns bewusst in der Gegenwart aufhalten und mit klarer Körpersprache und respektvollem Verhalten vorangehen, schafft dies Vertrauen und gibt dem Hund die nötige Sicherheit, um sich zu orientieren und angemessen zu reagieren.

Fazit: Das große Ganze im Blick

Im Coaching geht es darum, das große Ganze im Blick zu haben. Wir müssen sicherstellen, dass unsere Hunde nicht nur Techniken und Tricks erlernen, sondern dass sie auch die sozialen und kommunikativen Fähigkeiten entwickeln, die es ihnen ermöglichen, sich respektvoll in der Gesellschaft zu bewegen. Nur dann können sie sich wirklich auf die weiterführenden Aufgaben konzentrieren und ihr Potenzial voll ausschöpfen. Das Leben mit einem Hund ist nicht nur eine Serie von Kommandos und Übungen – es ist eine Partnerschaft, die auf Kommunikation, Vertrauen und Respekt beruht. Wer das große Ganze im Blick hat, wird eine tiefere, harmonischere Verbindung zu seinem Hund aufbauen und langfristig eine glückliche und erfüllte Beziehung führen.

Fragen zur Selbstreflexion:

1. Wie bewusst ist dir die Rolle deiner Körpersprache im Umgang mit deinem Hund? Beobachtest du, wie dein Hund auf deine nonverbalen Signale reagiert?

2. Welche Signale sendest du unbewusst an deinen Hund, die möglicherweise nicht mit deinen Erwartungen übereinstimmen?

3. Wie sicher fühlst du dich in deiner Kommunikation mit deinem Hund? Spürt dein Hund Klarheit und Entschlossenheit in deinem Verhalten?

4. Bist du in der Lage, im „Hier und Jetzt“ mit deinem Hund zu sein oder lenken dich Gedan-

ken an die Vergangenheit oder die Zukunft ab? Wie kannst du daran arbeiten, präsenter zu sein?

5. Wie gehst du mit Verhaltensweisen um, die du bei deinem Hund nicht möchtest? Nutzt du klare, ruhige Signale, um ihm Grenzen zu setzen, oder reagierst du eher hektisch oder verärgert?

6. Hast du das Gefühl, dass dein Hund die Regeln und Grenzen in eurem Alltag versteht? Wie konsequent setzt du diese um?

7. Wie gut gelingt es dir, vorausschauend zu handeln, um deinem Hund Sicherheit zu geben? Gibt es Momente, in denen du das Gefühl hast, „nachzusteuern“, anstatt proaktiv zu agieren?

8. Was bedeutet es für dich persönlich, „das große Ganze“ im Blick zu haben? Wie kannst du diesen Ansatz stärker in deinen Alltag mit deinem Hund integrieren?

Champ

Es war ein goldener Herbstmorgen und die sanften Strahlen der Sonne fluteten den kleinen Wald, der an der Grenze zu einem malerischen Dorf lag. Am Waldrand spazierte Elisa mit ihrem Hund Champ, einem lebhaften Border Collie. Die Bäume rauschten leise, und das Rascheln der Blätter lag in der Luft. Doch Elisa fühlte sich unruhig. Champ zog an der Leine, wie er es immer tat und obwohl sie es tausend Mal versucht hatte, schien es nie besser zu werden. Es war, als ob sie ständig in einem Wettlauf mit ihm war – ein Wettlauf, den sie nie gewann. Elisa erinnerte sich an ein Gespräch, das sie kürzlich mit einem weisen Mann geführt hatte. „Du musst das große Ganze im Blick haben“, hatte er gesagt. „Es geht nicht nur darum, Champ das richtige Verhalten beizubringen, sondern darum, wie du als Mensch in der Kommunikation mit ihm auftrittst.“ „Das große Ganze“, dachte Elisa nach. Was meinte er damit? Warum fühlte es sich an, als ob sie immer nur von einem Problem zum nächsten sprang, ohne jemals wirklich eine Lösung zu finden? Gerade als diese Gedanken ihren Kopf beschäftigten, blieb Champ plötzlich stehen und starrte aufmerksam in die Ferne. Er spürte etwas, vielleicht ein Wildtier und hielt inne. Elisa zog sanft an der Leine, doch Champ reagierte nicht. Stattdessen spürte sie, wie er sich entspannte, als er einfach nur in die Ferne blickte. Er wartete auf sie, als würde er wissen, dass die Entscheidung nun bei ihr lag. In diesem Moment hatte Elisa eine Einsicht. Sie hatte immer geglaubt, dass sie die Kontrolle über Champs‘ Verhalten haben musste, dass sie ihn mit einem festen Griff und klaren Kommandos in die richtige Richtung lenken sollte. Doch jetzt erkannte sie, dass es nicht nur um das Ziehen an der Leine ging – es ging um die gesamte Art der Kommunikation zwischen ihnen. Es war ihre eigene Körpersprache, die Unruhe und Unsicherheit ausstrahlte, die Champ aufnahm. Hatte sie es je bemerkt, dass ihre Körpersprache ihm zu viel Druck machte? Sie erinnerte sich an den Mann. Die Körpersprache. Die Klarheit, die sie selbst ausstrahlte, wenn sie mit Champ kommunizierte. In der Vergangenheit war sie oft in Gedanken über das Verhalten des Hundes gefangen, ständig auf das nächste Problem fixiert – das Ziehen, das Springen, das Bellen. Aber vielleicht war das der Fehler. Sie war so fokussiert auf die einzelnen Verhaltensweisen, dass sie das große Ganze aus den Augen verloren hatte. Elisa atmete tief ein und ließ die Leine locker. Sie stand da, ohne zu zerren, ohne zu drängen, einfach mit einer offenen Haltung. Sie streckte sich, entspannte ihre Schultern und ließ ihre Hände an den Seiten hängen. Champ blickte zu ihr auf und begann, sich zu bewegen. Langsam, mit sicherem Schritt, trat er näher an sie heran, als wüsste er, dass sie den Raum mit einer neuen Klarheit erfüllte. Die unbewusste Anspannung in ihrer Haltung war verschwunden und auch Champ spürte das. Die beiden setzten ihren Spaziergang fort und plötzlich schien alles viel einfacher zu sein. Champ ging in einem ruhigen Tempo an ihrer Seite, ohne zu ziehen. Elisa merkte, wie die Umgebung nicht nur für sie, sondern auch für Champ ein sicherer Ort wurde. Sie gingen nicht mehr im Wettlauf, sondern als Partner, die im Moment präsent waren. Es war nicht die Kontrolle, die sie suchte. Es war die Kommunikation – eine, die nicht in einzelnen Befehlen und Belohnungen gefangen war, sondern in der Art, wie sie als Mensch mit ihrem Hund in der Welt interagierte. Champ wusste instinktiv, dass seine Bewegung im Einklang mit Elisas Körpersprache war und er folgte ihr in einer Ruhe, die er nie zuvor gezeigt hatte. „Das große Ganze“, dachte Elisa, „es ist nicht nur das, was ich tue, sondern auch das, was ich bin, wenn ich mit ihm zusammen bin. Die Klarheit, die Sicherheit, die ich ihm gebe. Es geht nicht um Perfektion – es geht um Authentizität.“ Während sie weitergingen, spürte Elisa eine tiefe Verbundenheit mit Champ, als ob sie nicht mehr nur Hund und Besitzerin waren, sondern ein Team, das in einem unsichtbaren Tanz zusammen agierte. Sie war nicht mehr nur diejenige, die versuchte, Champ zu „trainieren“, sondern sie war die, die ihm zeigte, wie man in der Welt zusammenlebt – ruhig, klar und im Einklang. In diesem Moment, zwischen den goldenen Strahlen der Sonne und dem sanften Rascheln der Blätter, verstand Elisa endlich, was es bedeutet, das große Ganze im Blick zu haben. Es ging nicht darum, jedes kleine Verhalten zu korrigieren, sondern darum, wie man in einer authentischen und klaren Kommunikation miteinander lebt. Und dieser Moment, dieser Spaziergang, war ein Schritt in eine tiefere Verbindung, die für beide voller Frieden und Vertrauen war.

Weitsicht

Die Situation ist oft bekannt: verzweifelte Welpenbesitzer, die nicht mehr weiterwissen. Zerkratzte Kinderarme, kleine Bissspuren und ein Alltag, der aus chaotischen Momenten besteht. Der Traum vom süßen Hundewelpen, der das Familienleben bereichern sollte, hat sich schnell in eine unerwartete Herausforderung verwandelt.

Diese Geschichten beginnen oft ähnlich – mit einem großen Wunsch, der zunächst viel Vorfreude auslöst. Doch die Realität holt viele Familien schneller ein, als sie sich hätten vorstellen können.

Vom Traum zum Stolperstein

Der Wunsch nach einem Hund beginnt häufig romantisch. Die Tochter oder der Sohn träumt von einem treuen Begleiter, mit dem sie spielen, toben und Abenteuer erleben können. Schließlich möchte man den Kindern diesen Herzenswunsch erfüllen. Dies ist der erste Fehler. Hunde sind keine Geschenke für Kinder, sie sind gar keine Geschenke. Sie sind soziale Lebewesen, die es verdient haben, sich auf ihre Bedürfnisse einzulassen.

Nach einiger Recherche wird der vermeintlich perfekte Hund im Internet entdeckt und erworben. Genügend Plattformen sind vorhaben, wo man den günstigsten, den schönsten, den perfekten Hund finden kann. Die Vorfreude ist riesig. Das neue Familienmitglied wird sehnsüchtig erwartet. Doch kaum ist der Hund eingezogen, beginnt das Chaos. Der Freundeskreis meldet sich mit allerlei Ratschlägen:

- „Ihr müsst unbedingt in eine Welpengruppe!"
- „Das gibt sich, der ist ja noch so klein, lasst ihn Hund sein."

Während diese gut gemeinten Tipps auf den ersten Blick hilfreich erscheinen, mangelt es oft an echter Substanz. Der Welpe wird überfordert – sowohl von den Erwartungen der Menschen als auch von der ungewohnten Umgebung, die klare Strukturen und Regeln vermissen lässt.

Die Realität: Verantwortung, die oft unterschätzt wird

Der Alltag mit einem Welpen unterscheidet sich drastisch von der idyllischen Vorstellung, die viele Familien vor Augen haben. Statt harmonischen Kuscheleinheiten gibt es zerbissene Möbel, angeknabberte Schuhe und zerrissene Kleidung. Der Welpe springt an den Kindern hoch, knabbert an ihnen oder beißt spielerisch in die Hände.

Was anfangs belächelt wird, entwickelt sich schnell zu einem echten Problem. Doch anstatt klare Regeln aufzustellen, hoffen viele Eltern, dass der Welpe „da rauswächst“.

Diese Hoffnung ist nicht nur naiv, sondern auch gefährlich. Hunde lernen nicht von selbst, wie sie sich verhalten sollen – sie benötigen Anleitung, Orientierung und klare Grenzen. Ohne diese Grundlagen übernehmen sie Rollen, deren sie nicht gewachsen sind, was häufig in unerwünschtem Verhalten mündet.

Hunde sind keine Spielzeuge oder Geschwisterersatz für Kinder. Sie sind Lebewesen mit eigenen Bedürfnissen und Erwartungen. Ihre Erziehung darf nicht dem Zufall überlassen werden. Vom ersten Tag an müssen sie lernen:

- **Welche Energie herrscht in der Familie?**
- **Welche Räume dürfen genutzt werden?**
- **Wie wird mit Ressourcen wie Futter, Spielzeug und Rückzugsorten umgegangen?**

Ohne diese Antworten entsteht Verwirrung – und die führt unweigerlich zu Problemen.

Urlaub: Wohin mit dem Hund?

Kaum hat sich die Familie an das Leben mit dem Hund gewöhnt, steht der erste Urlaub vor der Tür. Und plötzlich taucht die nächste Herausforderung auf: Wohin mit dem Hund?

Die Fragen häufen sich:

- Kann der Hund mitreisen?
- Gibt es geeignete Unterkünfte?
- Wer kümmert sich um ihn, falls er zu Hause bleiben muss?

Diese Überlegungen hätten bereits vor der Anschaffung des Hundes angestellt werden müssen. Doch häufig werden solche praktischen Aspekte erst dann berücksichtigt, wenn sie akut werden.

Ein Hund ist kein spontanes Projekt. Seine Anwesenheit beeinflusst das Familienleben für die nächsten 12 bis 16 Jahre. Urlaube, Freizeitaktivitäten und Alltagsroutinen – alles muss mit ihm geplant werden.

Wo bleibt die Weitsicht?

Viele der Probleme, die ich bei Hundebesitzern beobachte, lassen sich auf einen Mangel an Weitsicht zurückführen. Die Entscheidung für einen Hund wird oft emotional getroffen, ohne die langfristigen Konsequenzen ausreichend zu bedenken. Doch ein Hund ist kein kurzlebiges Vergnügen – er ist ein langfristiger Begleiter, der Zeit, Geduld und Engagement erfordert.

Die Frage der Weitsicht beginnt nicht bei der Frage nach dem Urlaub. Sie beginnt viel früher, nämlich bei der Überlegung, ob die Familie wirklich bereit ist, einen Hund aufzunehmen:

- **Haben wir die Zeit und Energie, die Erziehung konsequent anzugehen?**
- **Sind wir bereit, die Herausforderungen anzunehmen, die ein Hund mit sich bringt?**
- **Können wir gewährleisten, dass er nicht nur heute, sondern auch in Zukunft ein liebevolles Zuhause hat?**

Wertschätzung von Anfang an

Ein harmonisches Zusammenleben mit einem Hund basiert auf gegenseitiger Wertschätzung. Diese zeigt sich nicht nur in liebevoller Zuneigung, sondern auch in klaren Regeln und konsequenter Führung. Wir investieren Geld, Zeit und Energie in unseren Hund. Dann dürfen wir diese Wertschätzung uns gegenüber auch einfordern.

Ein Hund braucht Sicherheit und Orientierung, um ausgeglichen und entspannt zu sein. Wenn er diese Grundlagen erhält, kann er sich zu dem Begleiter entwickeln, den sich die Familie wünscht. Doch dafür braucht es

Weitsicht – die Fähigkeit, über den Moment hinauszudenken und Verantwortung für das gesamte Leben des Hundes zu übernehmen.

Hunde sind keine Modeerscheinung oder spontanen Projekte. Sie sind Lebewesen, die unsere Aufmerksamkeit und Hingabe verdienen. Nur wenn wir ihre Bedürfnisse ernst nehmen und unsere Entscheidungen sorgfältig abwägen, können wir ihnen das Leben bieten, das sie verdienen.

Denn Weitsicht ist nicht nur ein Zeichen von Respekt – sie ist der Schlüssel zu einer erfüllten, gemeinsamen Zukunft.

Fragen zur Selbstreflexion:

1. Welche Beweggründe standen hinter deiner Entscheidung, einen Hund anzuschaffen? Hast du diese damals bewusst hinterfragt?

2. Hast du dir vor der Anschaffung eines Hundes Gedanken über langfristige Herausforderungen gemacht, wie Erziehung, Urlaub oder die Zeitaufwände? Welche Aspekte hast du eventuell

unterschätzt?

3. Wie klar und konsequent sind die Regeln, die du deinem Hund von Anfang an gegeben hast?

4. Wie geht deine Familie mit dem Hund um? Gibt es ein gemeinsames Verständnis von Regeln und Verantwortlichkeiten?

5. Wenn du auf die ersten Wochen mit deinem Hund zurückblickst: Gab es Momente, in denen du mit mehr Weitsicht anders gehandelt hättest? Welche wären das?

6. Wie gestaltest du die Erziehung deines Hundes? Ist sie gezielt und durchdacht oder eher reaktiv und improvisiert?

7. Hast du für dich geklärt, wie du mit herausfordernden Situationen wie Reisen, Krankheiten, Tod oder unerwarteten Lebensveränderungen umgehen wirst?

8. Welche Rolle spielt dein Hund in eurem Alltag? Wird er als eigenständiges Wesen mit Bedürfnissen gesehen oder als Ergänzung zum

Familienleben?

9. Was bedeutet Wertschätzung in deiner Beziehung zu deinem Hund? Wie zeigst du diese Wertschätzung und wie stellst du sicher, dass sie auch von ihm wahrgenommen wird?

10. Welche Maßnahmen kannst du ergreifen, um in Zukunft Entscheidungen mit mehr Weitsicht zu treffen, sowohl im Umgang mit deinem Hund als auch in anderen Bereichen deines Lebens?

Verantwortung

Es war ein trüber Frühlingstag, als Anna mit ihrer Familie in den Park ging. Der Regen hatte den Boden aufgeweicht, und die Luft roch frisch, fast nach einem Neuanfang. Der kleine, wuschelige Welpe „Balu", den sie erst vor wenigen Wochen adoptiert hatten, sprang fröhlich umher, als wäre der Regen nichts anderes als eine Einladung zum Spielen. Anna und ihr Mann, Tom, tauschten sich einen zufriedenen Blick aus. Sie hatten sich entschieden, Balu in ihr Leben zu holen – ein süßer, fröhlicher Hund, der ihr Familienleben bereichern sollte. Doch je mehr sie den Welpen beobachteten, desto mehr begann sich die Freude mit einer leisen Besorgnis zu vermischen. Balu biss spielerisch in die Schuhe ihrer Tochter Laura, knabberte an den Hosenbeinen von Tom und bellte ohne erkennbaren Grund. Anna fühlte sich überfordert, als sie versuchte, ihn zu ermahnen. Tom, der die Konsequenzen des Welpenverhaltens immer wieder herunterspielte, dachte: „Er ist ja noch ein Baby. Das gibt sich von alleine." Doch die Tage vergingen, und das „Es gibt sich" entpuppte sich als Illusion. „Schau mal, wie er wieder an den Schuhen knabbert", sagte Anna und zog den Kopf zur Seite, als der Welpe erneut die Schuhe der Kinder in seine Zähne nahm. „Es wird langsam schwer zu ertragen." In den folgenden Wochen wurde das Bild zunehmend trüber. Der kleine Balu wuchs schnell, und mit seinem Wachstum kam eine zunehmende Energie, die Anna und Tom nicht mehr im Griff hatten. Es war nicht mehr nur das Zerbeißen von Schuhen oder Möbeln, es war auch das Springen an den Kindern, das Hüpfen auf den Besuchern und das ständige Rumtoben im Garten, das sie nicht mehr kontrollieren konnten. Die Wunden an Lauras Armen – kleine Kratzer und Bissspuren, die sie sich beim Spielen mit Balu zugezogen hatte – erinnerten Anna immer mehr daran, dass sie keine rosige Vorstellung von einem Hundewelpen bekommen hatte. „Ich glaube, wir sind nicht vorbereitet auf das, was wir uns da vorgenommen haben", murmelte Anna eines Abends, als sie sich nach einem chaotischen Tag mit Balu und den Kindern auf dem Sofa niederließ. Tom nickte nachdenklich. „Es war ein Fehler, nicht mehr darüber nachzudenken, was ein Hund wirklich braucht. Wir haben uns einfach von der Idee des süßen Welpen blenden lassen.“ Anna starrte nachdenklich auf den Tisch. Sie fragte sich, warum sie nicht früher an all die praktischen Dinge gedacht hatte, die das Leben mit einem Hund so herausfordernd machten. Die Erziehung, die Konsequenz, die Zeit – all das war in der anfänglichen Euphorie in den Hintergrund geraten. Der Traum von Balu als „dem perfekten Familienhund“ war in etwas weit weniger Glänzendes zerbrochen. Eines Tages, während sie im Garten mit Balu spielte, kam Anna der Gedanke, dass es nicht nur um den Hund ging. Es ging um ihre eigene Weitsicht. Hätten sie sich wirklich genug Zeit genommen, um sich die langfristigen Auswirkungen einer Hundehaltung vorzustellen? Hätten sie mehr über das, was der Hund brauchen würde, nachdenken müssen? Und warum hatten sie nicht sofort klare Grenzen gesetzt? Sie erinnerte sich an das Gespräch mit einer Freundin, die einen Hund hatte und die ihr gesagt hatte: „Es geht nicht darum, was du ihm beibringen willst, sondern wie du von Anfang an vorgehst.“ Doch Anna hatte gehofft, dass alles von alleine kommen würde. Sie hatte geglaubt, dass sich der Hund irgendwie schon an die Regeln halten würde, ohne dass sie konsequent sein musste. „Was jetzt?“ fragte Tom, als er sah, wie Anna mit Balu spazierte. Sie hatte sich entschieden, die Dinge anzupacken, um den Hund und sich selbst aus der Spirale zu befreien. „Ich weiß nicht“, sagte sie und sah auf den Hund, der nun ruhig an ihrer Seite lief. „Vielleicht müssen wir einfach von Grund auf neu anfangen – nicht nur mit Balu, sondern auch mit unserer Haltung ihm gegenüber. Er ist kein Kuscheltier. Wir müssen Verantwortung übernehmen, ihm die Regeln beibringen und uns wirklich in ihn einfühlen.“ Der erste Schritt war, ihre Erwartungen an Balu zu überdenken. Anna wusste, dass sie den Hund nicht einfach in eine ideale Rolle pressen konnte. Sie mussten ihre Perspektive ändern, mehr Verantwortung übernehmen und klare, konsequente Regeln aufstellen. Balu musste lernen, wie er sich in ihrer Welt bewegen konnte. Es war nicht genug, ihm nur das Beste zu wünschen, sondern sie mussten ihm die Werkzeuge geben, die er brauchte, um die Welt zu verstehen. „Weitsicht“, murmelte Anna, als sie den Welpen anschaute, der jetzt ruhig an ihrer Seite lief. „Es geht nicht darum, nur heute zu denken. Es geht darum, zu wissen, was morgen und übermorgen kommt. Was er braucht, und was wir ihm geben müssen, damit er sich sicher und wohl fühlt.“ In den folgenden Wochen begannen Anna und Tom, eine klare Struktur in das Leben mit Balu zu bringen. Sie setzten feste Regeln, trainierten konsequent und passten ihren Alltag an den Hund an. Die anfängliche chaotische Zeit war noch nicht ganz vorbei, aber Balu begann, sich in der Familie sicherer zu fühlen. Und auch Anna und Tom begannen, ihre Entscheidung in einem neuen Licht zu sehen. „Wir müssen nicht nur im Hier und Jetzt leben“, dachte Anna. „Es geht darum, den Hund in seiner gesamten Lebensspanne zu begleiten und ihm und uns selbst die nötige Weitsicht zu geben, um harmonisch zusammenzuwachsen.“ Balu war nun mehr als nur ein süßer Welpe. Er war ein Familienmitglied, das ihre vollste Aufmerksamkeit und Verantwortung verlangte. Und Anna wusste, dass, wenn sie ihm und sich selbst den Raum für diese Weitsicht gab, die gemeinsame Reise nicht nur zu einem Abenteuer, sondern zu einer erfüllten Partnerschaft werden konnte.

Raum-, Bewegungs- und Energiemanagement

Wenn ein Welpe in ein Rudel aus erwachsenen Hunden hineingeboren wird, erlebt er von Beginn an eine klare Struktur. Das Rudel kommuniziert durch Körpersprache, Gesten und Signale, welche Regeln und Grenzen gelten. Der Welpe lernt schnell, was erlaubt ist und was nicht – nicht durch Härte, sondern durch konsequente, klare Kommunikation. Dieses natürliche Management von Raum, Bewegung und Energie ist der Schlüssel zu einem friedlichen und stabilen Zusammenleben innerhalb des Rudels.

Wie Hunde im Rudel lernen

Ein Beispiel aus der Natur: Ein junger Hund stürmt aufgeregt auf ein älteres Rudelmitglied zu, springt hektisch und laut umher. Die Reaktion? Das erwachsene Tier dreht sich zur Seite, bleibt ruhig, zeigt mit einem klaren Blick oder einer abgewandten Körperhaltung, dass dieses Verhalten nicht erwünscht ist. Sollte der Welpe die Grenze überschreiten, wird ihm mit einem kurzen Knurren oder einer sanften, aber bestimmten Berührung gezeigt, dass er seine Energie regulieren muss.

Diese körpersprachlichen Lektionen sind nicht nur für den Moment gedacht. Sie lehren den Welpen, sich anzupassen, Rücksicht zu nehmen und die Dynamik des sozialen Gefüges zu respektieren. Dadurch erhält er nicht nur Sicherheit, sondern auch das Vertrauen, dass er in diesem Rudel Schutz und Orientierung findet, wenn er sie braucht.

Das Missverständnis im menschlichen Umgang

Kommt ein Welpe in eine menschliche Familie, wird diese natürliche Struktur oft durch Vermenschlichung ersetzt. Der Hund wird wie ein Menschenbaby behandelt – süß, unschuldig und ohne Verantwortung. Während ein Hund im Rudel sofort lernt, dass Räume und Ressourcen nicht einfach frei verfügbar sind, darf er im menschlichen Umfeld häufig alles:

- Er springt auf die Couch, ohne dass jemand es infrage stellt.
- Er springt an Menschen hoch und wird dabei belustigt gestreichelt.
- Er rennt hektisch durch die Wohnung und die Familie sieht es als „normalen Übermut".

Das Resultat: Der Hund beginnt, Räume zu verwalten, Bewegungsmuster zu dominieren und die Energie der

Familie zu beeinflussen. Ohne es zu wollen, wird er zur Leitfigur – eine Rolle, für die er weder geschaffen noch qualifiziert ist.

Die Folgen fehlender Struktur

Ein solcher Hund lernt nicht, sich an seinen Menschen zu orientieren. Stattdessen entwickelt er eigene Regeln, die oft mit den Erwartungen der Familie kollidieren. Ein typisches Beispiel:

Stellen wir uns eine Familie mit einem jungen Labrador vor. Der Welpe darf die ganze Wohnung erkunden und springt jedes Mal laut bellend an der Haustür hoch, wenn Besuch kommt. Niemand erklärt ihm, dass diese Energie unerwünscht ist. Stattdessen versuchen die Familienmitglieder hektisch, ihn mit Leckerlis oder Rufen zu beruhigen – ohne Erfolg. Der Hund hat gelernt:

- Die Haustür gehört ihm, er darf sie „bewachen".
- Aufregung ist normal, denn niemand zeigt ihm Alternativen.
- Und...er wird mit Futter auch noch belohnt.

Das Ergebnis: Der Labrador wird bei Hundebegegnungen ebenfalls hektisch. Er bellt, zieht an der Leine und ignoriert seine Menschen, die verzweifelt versuchen, ihn mit Kommandos oder Leckerlis zu kontrollieren. Doch der Hund versteht diese Signale nicht, weil ihm nie klar gemacht wurde, dass ruhiges Verhalten erwünscht ist.

Raummanagement: Der Schlüssel zu Respekt

Im natürlichen Rudel wird Raummanagement täglich praktiziert. Ein Hund, der sich zu stürmisch verhält, wird korrigiert – ihm wird der Zugang zu bestimmten Bereichen verwehrt. Ein souveräner Hund blockiert zum Beispiel mit seinem Körper eine Tür oder einen Weg, bis der Welpe versteht, dass er warten muss.

Dieses Prinzip kann auch im menschlichen Alltag angewendet werden:

- **Der Zugang zu bestimmten Bereichen:** Der Hund lernt, dass er nicht ohne Erlaubnis aus der Türe raus gehen darf. Dies schafft nicht nur Struktur, sondern auch Ruhe.
- **Kontrollierte Begrüßungen:** Wenn der Hund lernt, dass er Besucher erst begrüßen darf, wenn er sich hingesetzt hat, wird der gesamte Begrüßungsprozess entspannter – für alle Be-

teiligten.

Ein Beispiel: Eine Familie mit einem jungen Border Collie entscheidet sich bewusst dafür, den Zugang zur Küche zu regeln. Während der Mahlzeiten bleibt der Hund in seinem Körbchen und darf erst aufstehen, wenn das Kommando dafür kommt. Anfangs braucht es Geduld und Konsequenz, doch schon nach wenigen Wochen hat der Hund verstanden, dass er in seinem Platz bleiben soll. Das schafft nicht nur Ordnung, sondern stärkt auch die Klarheit zwischen Hund und Mensch.

Bewegungsmanagement: Energie in die richtigen Bahnen lenken

Viele Hunde werden durch zu viel Freiheit und unstrukturierte Bewegung überfordert. Ein Welpe, der ohne Regeln durch die Wohnung stürmt, gewöhnt sich an diese Hektik und trägt sie in alle Bereiche seines Lebens.

Ein Beispiel: Ein junger Australian Shepherd wird jeden Tag ohne Leine auf einer großen Wiese ausgelassen. Der Rückruf ist noch nicht gefestigt und das Anleinen ist immer mit Stress verbunden. Er tobt, rennt und spielt – ohne klare Führung. Nach einigen Wochen zeigt sich, dass der Hund bei Spaziergängen unruhig wird, wenn keine Möglichkeit zum Rennen besteht. Er zieht an der Leine, bellt andere Hunde an und scheint überfordert.

Bewegungsmanagement bedeutet, dem Hund beizubringen, dass nicht jede Situation von ihm gelenkt wird. Spaziergänge können auch ruhig und kontrolliert ablaufen. Der Mensch gibt das Tempo und die Richtung vor und der Hund orientiert sich daran. Ein großer Fehler ist auch, dass der Hund an der Leine machen darf, was er will.

Energiemanagement: Ruhe statt Chaos

Die Energie eines Hundes zu managen bedeutet, ihm Alternativen zu hektischem Verhalten zu bieten. Ein überdrehter Welpe braucht keine stundenlangen Spieleinheiten, sondern klare Signale, wann Ruhe angesagt ist.

Ein Beispiel: Ein junger Golden Retriever, der ständig aufgeregt durchs Wohnzimmer rennt, wird von seinem Menschen räumlich auf einer Decke begrenzt, bis er sich beruhigt. Oft hilft eine Hausleine, die an ihm dran hängt. Somit werden seine Weglaufversuche schnell unterbunden. Diese Technik – oft als „Ruhetraining“ bezeichnet – zeigt dem Hund, dass es Zeiten gibt, in

denen Entspannung erwünscht ist. Gerade Welpen sollten viele Stunden schlafen. Meist kommt nach „müde“ - „dumm“. Die Hunde laufen wie irre durch das Haus, springen alles an und sind nicht ansprechbar. Der Mensch ist verantwortlich, das richtige Timing zu entwickeln, dass der Hund genug Ruhephasen bekommt und diese Party der Überforderung nicht stattfindet

---

Fazit: Struktur schafft Harmonie

Raum-, Bewegungs- und Energiemanagement sind klare Leadership-Indikatoren. Wer diese Skills beherrscht, wird in einem Rudel als respektabel angesehen. Dies erleichtert das Zusammenleben zwischen Hund und Mensch. Hunde brauchen klare Signale und Strukturen, um sich sicher und geborgen zu fühlen.

Indem wir ihnen diese Grundlagen bieten, ermöglichen wir ihnen, entspannte und ausgeglichene Begleiter zu werden – und schaffen gleichzeitig einen Alltag, der für alle Beteiligten harmonisch und angenehm ist.

Fragen zur Selbstreflexion:

1. Wie geht dein Hund mit den verschiedenen Bereichen im Haus um? Gibt es Zonen, die ihm erlaubt sind und solche, die er nur mit Erlaubnis betreten darf?

2. Wie reagierst du, wenn dein Hund überdreht oder aufgeregt ist? Bietest du ihm Alternativen, um seine Energie zu regulieren, oder lässt du ihn selbst entscheiden, wann er sich beruhigen muss?

3. Welche Rolle spielt Bewegung in deinem Alltag mit deinem Hund? Hat dein Hund genug Struktur bei Spaziergängen oder ist er oft unruhig und hektisch?

4. Wie gehst du mit unerwünschtem Verhalten wie Bellen oder Hochspringen um? Kommunizierst du klar und konsequent, was akzeptables Verhalten ist, oder hofft ihr auf das „Da-rauswachsen"?

5. Hast du bereits bestimmte Regeln für Begrüßungen oder den Umgang mit Besuchern eta-

bliert? Welche Veränderungen könnte dies für die Harmonie in deinem Alltag bewirken?

6. Wie schaffst du es, die Energie deines Hundes zu lenken, damit sie in die richtige Richtung geht? Gibt es Situationen, in denen er die Führung übernehmen möchte und wie gehst du damit um?

7. Reflektiere über das aktuelle Bewegungsmanagement deines Hundes. Gibt es genug strukturierte Spaziergänge? Wie kannst du die Balance zwischen Ruhe und Aktivität verbessern?

Ein Tanz von Raum, Bewegung und Energie

Es war ein sonniger Nachmittag, als Clara mit ihrem Hund „Sam" im Garten stand. Die Luft war warm, die Vögel zwitscherten und Sam, der gerade in die Familie eingezogen war, sprang wie ein kleiner Wirbelwind um sie herum. Doch statt mit ihm in den gleichen chaotischen Tanz zu geraten, blieb Clara ruhig und aufrecht stehen, der Blick fest auf den kleinen Hund gerichtet. „Sam", sagte sie leise und hob eine Hand, „wir müssen lernen, wann Bewegung die richtige Antwort ist und wann Ruhe gefragt ist." Der Hund stoppte für einen

Moment, schaute sie mit seinen treuen Augen an und setzte sich dann, als hätte er das Kommando verstanden. Clara lächelte und sah auf den weiten Garten, den Sam noch nicht wirklich durchdrungen hatte. Der Platz war groß und voller Möglichkeiten – doch auch in einem weiten Raum brauchte der Hund klare Grenzen, um sich sicher zu fühlen. „Es ist wie ein Tanz“, dachte Clara. „Zu viel Freiheit führt zu Chaos, aber klare Führung bringt Harmonie.“ Sam war noch ein Welpe, seine Energie ungezähmt und sprühend. Doch statt ihn einfach laufen zu lassen, hatte Clara von Anfang an mit ihm an einer Struktur gearbeitet. Es ging nicht darum, den Hund in einen strengen Rahmen zu zwingen, sondern ihm zu helfen, sich selbst im Tanz des Lebens zurechtzufinden. Sie wusste, dass er nicht nur einen klaren Raum brauchte, sondern auch eine klare Führung – jemand, der ihm zeigte, wie er sich in dieser Welt bewegen sollte, ohne den Tanz aus der Balance zu bringen. Clara hatte in den letzten Wochen viel über Raum-, Bewegungs- und Energiemanagement nachgedacht. Im natürlichen Rudel, so hatte sie gelernt, wird dem Welpen von Anfang an gezeigt, wo sein Platz ist. Ein Hund, der zu wild auftritt, wird mit einer ruhigen, aber bestimmten Körpersprache korrigiert, der Raum wird ihm verwehrt, bis er zur Ruhe kommt. Diese sanfte Führung sorgte dafür, dass das Rudel harmonisch zusammenlebte –

jeder wusste, wo er sich bewegen konnte, ohne das Gleichgewicht zu stören. Doch als Sam in ihre Familie kam, war alles anders. Die Regeln, die er im Rudel gelernt hätte, fehlten. Stattdessen wurde er mit offenen Armen empfangen – doch ohne klare Grenzen. Zunächst war alles süß: das Aufspringen, das Bellen, das Chaos. Doch mit jedem Tag wuchs seine Energie, und Clara merkte, wie sie und ihre Familie sich unbewusst von ihm leiten ließen. Sie begannen, die Räume zu verlieren, die Bewegungen nicht mehr zu kontrollieren und die Energie des Hundes war überall spürbar. „Es ist, als würde er die Führung übernehmen", dachte Clara. „Er läuft durch die Räume, als wären sie ihm allein überlassen und wir laufen ihm hinterher. Doch wir sollten das nicht zulassen." Und so stand sie da, mit Sam an ihrer Seite und überlegte, wie sie das Leben mit ihm ändern konnte. Der Hund brauchte Führung, Struktur – und vor allem eine klare Kommunikation. Clara wusste, dass die Struktur nicht aus starren Regeln bestehen durfte, sondern aus einem fließenden Austausch von Signalen. Es war wie ein Tanz: Wenn sie den Schritt vorgab, folgte Sam, und zusammen fanden sie ihren Rhythmus. „Raum", dachte Clara, „das ist der erste Schritt. Wir müssen ihm zeigen, wo er sich bewegen darf und wo nicht. Bewegung folgt der Führung, und Energie muss in die richtige Richtung gelenkt werden." Die nächsten

Wochen waren geprägt von geduldiger Arbeit: Sam lernte, dass er nicht jedes Zimmer nach Belieben betreten konnte, dass er in bestimmten Momenten ruhig sein musste und dass nicht jeder Moment zum Spielen war. Clara führte ihn mit ruhiger Bestimmtheit durch den Tag, lenkte seine Bewegungen und half ihm, die Energie zu kanalisieren. Es war, als ob sie gemeinsam einen Tanz lernten, in dem sie als Partner agierten – einer führte, der andere folgte, ohne dass der Rhythmus verloren ging. Am Ende des Tages, als der Garten in goldenes Licht getaucht war und Sam ruhig zu ihren Füßen lag, wusste Clara, dass sie den richtigen Weg eingeschlagen hatte. Die Struktur, die sie geschaffen hatten, war kein Zwang – sie war die Grundlage für ein harmonisches Zusammenleben. Der Hund hatte gelernt, sich zu bewegen, ohne die Balance zu stören, und Clara hatte verstanden, dass es nicht nur darum geht, Regeln zu setzen, sondern auch zu wissen, wann man dem Tanz des Lebens seinen Raum gibt.

Bellen Baba

An der Leine bellende Hunde sind so häufig wie Regentage im Herbst – und mindestens genauso unangenehm. Sie ziehen, fixieren und explodieren regelrecht, sobald ein anderer Hund auftaucht. Für die Halter ist das nicht nur peinlich, sondern auch belastend. Spaziergänge werden zur Stressfalle, Begegnungen mit Artgenossen zum Albtraum. Viele suchen verzweifelt nach Lösungen, doch die meisten Strategien greifen nur an der Oberfläche. Das eigentliche Problem? Fehlende Leinenführigkeit. „Verwalte Räume, nicht deine Träume“

Wer träumt nicht davon, entspannt mit seinem Hund durch die Gegend zu schlendern, als wäre man ein eingespieltes Duo? Doch die Realität sieht da oft anders aus. Vielen Menschen konnte ich bereits helfen, ein Stück Lebensqualität zurückzugewinnen – durch ehrliche, klare Kommunikation mit ihrem Vierbeiner. Denn, Hand aufs Herz: Die meisten Probleme beginnen an der Leine.

Zu oft höre ich von kuriosen Trainingsmethoden, die Menschen präsentiert werden. Eine meiner “Lieblingsideen” ist die, dass man gebückt neben seinem Hund gehen und dabei ein Leckerli hinter den eigenen Knöchel halten soll. An dieser Stelle sage ich immer: Drück mal kurz auf Pause und geh einen Schritt zur Seite. Stell dich auf die Metaebene! Wirkt das so, als könntest du ernsthaft als verlässlicher Partner durchgehen, wenn du an einem anderen Hund vorbeigehen willst?

Statt deinem Hund die Leine als Trick zu verkaufen, ist es viel einfacher und vor allem ehrlicher, ihm durch deine Körpersprache zu zeigen, dass der Raum vor dir in deinem Verantwortungsbereich liegt und nicht in seinem. Zeige ihm die Haltung, die du dir auch von ihm wünschst. Sei ein ruhiger, entspannter, klarer und ehrlicher Wegbegleiter. Also, hör auf zu träumen – übernimm die Verantwortung für Räume und du wirst sehen: Dein Hund schaut dich an, weil du ihm Sicherheit gibst und nicht wegen des Futters.

Die Leine als Spiegel der Beziehung

Eine schlechte Leinenführung ist wie eine kaputte Brücke: Sie verbindet Mensch und Hund nicht, sondern trennt sie. Die Leine sollte kein „Zugseil" sein, an dem der Hund nach vorne stürmt oder rückwärts zieht. Vielmehr ist sie ein Sicherungsmittel, ein verlängerter Arm, der sanft führt und lenkt. Doch in vielen Fällen wird die Leine zum Schlachtfeld:

- Der Hund zieht wie ein Zugpferd.
- Die Halterin ruft verzweifelt: „Nein, nicht da lang!“
- Begegnungen mit anderen Hunden enden in Chaos.

Hier zeigt sich deutlich: Der Hund orientiert sich nicht an seinem Menschen, sondern agiert autonom. Das ist weniger eine Frage von „Dominanz“, sondern vielmehr ein Indikator dafür, dass klare Führung fehlt.

Beispiele aus dem Alltag

Beispiel 1: Der aufgeregte Hund

Stellen wir uns vor, du gehst mit deinem Hund Gassi. Plötzlich taucht am Horizont ein anderer Hund auf. Dein Hund fixiert ihn sofort, wird steif und beginnt, aufgeregt zu ziehen. Was geschieht oft:

- Es wird versucht, ihn mit einem Leckerli abzulenken.
- Es wird laut und mit hoher Stimme auf ihn eingeredet: „Ist doch nichts, guck mal hier! FEIN!“

- Es wird hektisch die Richtung gewechselt, um die Begegnung zu vermeiden.

Das Ergebnis? Dein Hund versteht nicht, was von ihm erwartet wird. Er bleibt in seinem Verhalten gefangen, weil niemand ihn klar unterbricht. Du lebst eine Haltung vor, die alles andere als souverän ist. Stelle dir vor, du wünscht dir einen ruhigen entspannten Fernsehabend und eine Doku auf ARTE. Dein Hund springt ständig auf die Couch und schaltet auf KIKA um und macht Spongebob an. Wie reagierst du? Schaltest du unaufgeregt auf deine Frequenz zurück und forderst diese ein oder wirst du hektisch, laut, unsicher und bleibst unbewusst bei Spongebob hängen. Ich sage immer, dass der Mensch auf seine Frequenz beharren muss und nicht auf die Frequenz des Hundes umschalten darf. Dies verlangt Konsequenz und Haltung.

Beispiel 2: Die Futter-Taktik

Eine andere Halterin setzt auf Futter als Ablenkung. Sie hält ihrem Hund ein Stück Wurst vor die Nase, während der andere Hund näherkommt. Der Hund schnuppert kurz, kehrt aber sofort zu seinem ursprünglichen Verhalten zurück: Bellen, Zerren, Hochfahren. Warum? Weil das Futter in diesem Moment weniger attraktiv ist, als die Situation ist. Es löst das Problem nicht, sondern verschiebt es nur. Kein Futter der Welt kann alle Reize überdecken. Stell dir vor, dein Hund hat eine Skala von 0-10. Sein liebstes Futter wird auf Platz 7 eingeordnet. Aufgrund seiner Genetik wird ein Reiz in seinem Leben auftreten, der diesen übertrifft. Mag es ein Bewegungsreiz oder ein jagdlich motivierter Reiz sein. Da wirkt Nummer 7 nicht. Da hilft nur, dass er weiß, dass im Rudel jemand führt und in diesem Moment keine Reaktion zulässt und toleriert.

Warum Bellen entsteht

Hunde, die an der Leine bellen, tun dies nicht ohne Grund. Häufige Ursachen sind:

- **Unsicherheit:** Der Hund fühlt sich in der Situation überfordert und versucht, durch Bellen Abstand zum Reiz zu schaffen.
- **Frustration:** Der Hund möchte zum anderen Hund, kann aber nicht – die Leine hindert ihn daran.
- **Übernahme der Führung:** Der Hund hat gelernt, dass er die Situation regeln muss, weil sein Mensch dies nicht tut.

Doch der Kern des Problems ist oft derselbe: Der Hund hat nie gelernt, sich an seinem Menschen zu orientieren.

Die Körpersprache des Hundes lesen

Die Explosion an der Leine passiert nicht aus dem Nichts. Hunde zeigen schon lange vor dem Bellen deutliche Signale:

- Sie spannen ihren Körper an.
- Die Ohren richten sich nach vorne, der Blick fixiert den Reiz.
- Die Rute wird steif oder beginnt hektisch zu wedeln.

Diese Vorzeichen werden oft übersehen. Doch genau hier liegt der Schlüssel: Wenn du frühzeitig reagierst, kannst du das Verhalten umlenken, bevor es eskaliert.

Wie du reagieren solltest

Wenn dein Hund beginnt, den Reiz zu fixieren, ist es wichtig, klare Signale zu setzen:

1. Körpersprachlich reagieren: Drehe dich leicht zur Seite, blockiere ihn mit deinem Körper und richte einen klaren, ruhigen Blick auf ihn.

2. Ein klares Signal geben: Ein kurzes, bestimmtes „Nein“ oder ein anderes Abbruchsignal kann helfen, die Aufmerksamkeit deines Hundes zu lenken.

3. Belohnung im richtigen Moment: Erst wenn dein Hund sich entspannt hat und dich ansieht, entspannst du dich körpersprachlich– ruhig und ohne Aufregung.

Stress als Teil der Kommunikation

Manche Menschen scheuen sich, ihrem Hund „Stress“ zuzumuten. Doch Stress ist ein natürlicher Bestandteil des Lernens und der Kommunikation. Hunde korrigieren sich untereinander ebenfalls durch kurze, klare Signale. Ein Knurren oder ein gezielter Blick reichen oft aus, um unerwünschtes Verhalten zu stoppen.

Kurzfristiger Stress, der durch klare Korrekturen entsteht, ist weitaus weniger belastend als der anhaltende Stress, den ein Hund durch ständiges Bellen und Hochfahren erlebt.

Ein Beispiel aus der Praxis

Ein Schäferhund-Mischling namens Max hatte massive Probleme mit Leinenaggression. Seine Halterin vermied aus Angst vor Eskalationen jede Begegnung mit anderen Hunden. Spaziergänge wurden zu Zeiten angesetzt, an denen andere schliefen. Gemeinsam arbeiteten wir an seiner Leinenführigkeit:

1. **Raummanagement:** Max lernte, dass er neben seiner Halterin bleiben muss und nicht vorpreschen darf.
2. **Bewegungsmanagement:** Wir gingen bewusst in Situationen, in denen andere Hunde in der Ferne sichtbar waren und übten ruhiges Verhalten. Max durfte an der Leine keine Entscheidungen mehr treffen.
3. **Energiemanagement:** Max wurde nicht mehr hektisch ins Training geschickt, sondern lernte, erst zur Ruhe zu kommen, bevor wir starteten. Das beginnt bereits beim Aussteigen aus dem Auto. Meist investiere ich eine ganze Einheit damit, den Menschen zu zeigen, wie man das Haus oder das Auto verlässt.

Nach zwei Coachings konnte Max ruhig an anderen Hunden vorbeigehen – ohne Bellen, ohne Zerren. Er wurde gemanagt. Er hatte seine Führung abgegeben. Er saß ab nun in der dritten Reihe mit einem Gläschen Sekt in der Hand. Seine Besitzerin hatte das Cockpit übernommen.

Warum „Bellen Baba“ funktioniert

Die Lösung liegt in der Kombination aus Raum-, Bewegungs- und Energiemanagement:

- **Raum:** Der Hund lernt, wo sein Platz ist und dass er nicht die Kontrolle übernehmen muss.
- **Bewegung:** Der Mensch bestimmt das Tempo und die Richtung, was dem Hund Sicherheit gibt.
- **Energie:** Der Hund wird in einen entspannten Zustand gebracht, bevor er auf Reize trifft.

Hunde, die an der Leine bellen, tun dies oft aus einem Mangel an Führung und Orientierung. Wenn du die Grundlagen der Leinenführigkeit beherrschst, wirst du feststellen: Bellen gehört der Vergangenheit an.

Fazit: Klarheit statt Chaos

„Bellen Baba“ ist mehr als ein lustiger Ausdruck. Es ist ein Aufruf, Verantwortung zu übernehmen – für deinen Hund und für die Beziehung, die ihr habt. Indem du klare Regeln setzt und deinem Hund Orientierung gibst, kannst du nicht nur das Bellen an der Leine stoppen, sondern auch die Basis für ein harmonisches Zusammenleben schaffen.

Fragen zur Selbstreflexion:

1. Hast du schon einmal bemerkt, dass dein Hund durch deine Körpersprache oder deine unsicheren Signale seine eigene Führung übernimmt? Wie könntest du deine Körpersprache ändern, um klarer und entspannter zu kommunizieren?

2. Wie reagierst du, wenn dein Hund an der Leine zieht oder bellt? Versuchst du, die Situation mit Ablenkung (z. B. Leckerli) zu lösen oder gibst du klare, ruhige Signale, um das Verhalten zu unterbrechen?

3. Was passiert in dir, wenn dein Hund aufgeregt wird und an der Leine zerrt? Versuchst du, ihn zu beruhigen oder übernimmst du die Kontrolle über die Situation?

4. Wie oft lässt du deinem Hund die Freiheit, selbst zu entscheiden, wohin ihr geht oder wie schnell ihr geht? Könnte mehr Struktur und Führung bei den Spaziergängen helfen, das Verhalten zu verbessern?

5. Hast du in der Vergangenheit Situationen erlebt, in denen dein Hund aus Unsicherheit oder Frustration an der Leine gebellt hat? Wie hast du reagiert und wie könntest du beim nächsten Mal anders handeln?

6. Wie würdest du dein eigenes Verhalten in stressigen Situationen (z. B. bei Hundebegegnungen) einschätzen? Bist du in der Lage, ruhig zu bleiben und deinem Hund klare Signale zu geben?

7. Welche Rolle spielt für dich das Energiemanagement bei Spaziergängen? Nimmst du dir bewusst Zeit, deinen Hund in einen ruhigen Zustand zu versetzen, bevor er auf Reize trifft?

8. Hast du schon einmal bemerkt, dass die Art, wie du mit der Leine umgehst, die Beziehung zu deinem Hund beeinflusst? Inwiefern zeigt sich das in seinem Verhalten?

9. Reflektiere über deine Körpersprache bei Hundebegegnungen: Wie kommunizierst du mit deinem Hund, wenn er aufgeregt wird?

Der Rhythmus des Baumes

Susanne ging an diesem sonnigen Nachmittag mit Gina, ihrem lebhaften Hund, durch den Park. Der Hund sprang wie ein wirbelnder Kreis um sie herum, sprang vor, zog und versuchte, der Welt seinen Willen aufzuzwingen. Es war, als ob die Leine zwischen ihnen ein unsichtbares Band war, das beide auf eine Reise der Verwirrung und Missverständnisse führte. Die Leine zog an, als Gina den ersten Hund erblickte. Sie bellte aufgeregt, versuchte, ihm näher zu kommen. Susanne, unsicher, was zu tun war, rief ihr mit hoher Stimme hinterher: „Gina, bleib! Schau mal hier!“ Doch ihre Worte verhallten ungehört. Der Hund zog weiter und fixierte den anderen Hund mit starrer Intensität. Es war ein Moment, der sie an ihre Grenzen brachte – der Spaziergang, der zu einem Albtraum wurde. „Was passiert hier eigentlich?“, fragte sich Susanne. Warum war es so schwer, einfach durch den Park zu gehen, ohne dass der Hund die Kontrolle übernahm? Woran lag es, dass jeder Spaziergang in einem ständigen Ziehen und Zerren endete? „Bellen Baba“, dachte Susanne plötzlich. Die Worte, die sie aus einem Coachingbuch aufgeschnappt hatte, kamen ihr in den Sinn. Es war mehr als nur ein lustiger Begriff – es war eine Erkenntnis. Der Hund war nicht böse, nicht widerspenstig. Gina hatte einfach nie gelernt, sich in der Welt zurechtzufinden, ohne die Führung zu übernehmen. Und Susanne hatte nie gelernt, ihr zu zeigen, dass sie diejenige war, die den Raum verwaltete. Während sie Gina beobachtete, kam ihr eine Vision in den Kopf: Ein Baum, mächtig und ruhig, der sich nicht von einem Windstoß beugen ließ. Der Wind kam, die Blätter raschelten, doch der Baum blieb fest verankert. Susanne war wie dieser Baum – sie musste lernen, ihren Raum zu wahren, ohne sich vom Chaos um sie herum beeinflussen zu lassen. Mit einem tiefen Atemzug sammelte Susanne ihre Gedanken. Sie wusste, dass der Weg zur Veränderung nicht durch laute Worte oder hektische Bewegungen führen würde. Der Hund musste sehen, dass sie die Verantwortung hatte – nicht durch Anspannung, sondern durch Ruhe. Gina fixierte wieder einen Hund in der Ferne und diesmal reagierte Susanne nicht hektisch. Sie stellte sich einfach zur Seite, blockierte mit ihrer Körpersprache den Weg und sah ruhig in Ginas Augen. Es war, als ob sie ihr sagte: „Ich weiß, was zu tun ist. Du musst es nicht alleine regeln." Gina stoppte, ein kleiner Moment des Innehaltens, und schaute sie an. „Das ist es", dachte Susanne. „Führung kommt nicht aus dem Schreien oder Ziehen, sondern aus dem Zeigen. Es geht nicht darum, dem Hund zu dressieren, sondern ihm zu zeigen, dass er sich auf mich verlassen kann." Von diesem Moment an veränderte sich ihre Haltung. Die Leine war nicht länger ein Strick, an dem

Gina zog – sie war ein sanftes Band, das sie miteinander verband. Jeder Schritt, den sie gemeinsam machten, war ein Tanz, bei dem Susanne die Führung übernahm, ohne zu drängen. „Bellen Baba“, murmelte sie wieder, als sie durch den Park gingen, der Hund ruhig an ihrer Seite. Und sie wusste: Das wahre Problem war nicht die Leine, sondern die fehlende Führung – die wahre Führung, die mit Klarheit, Ruhe und einem festen Stand in der Welt zu tun hatte. Gina hatte nun verstanden, dass sie nicht der Wind war, der den Baum beugte, sondern das Blatt, das sich dem Rhythmus anpasste.

Innere Haltung

In meinen Coachings spreche ich oft von der richtigen Haltung – und diese Haltung verändert alles! Es macht einen gewaltigen Unterschied, ob man lediglich versucht, dem Hund klare Strukturen vorzugeben, oder ob man es tatsächlich mit einer entschlossenen, klaren Haltung tut. Vielen Mensch-Hund-Teams kommen irgendwann an den Punkt, an dem ein Haltungswechsel notwendig wird. Dieser Moment ist oft ein schmaler Grat für die Hundebesitzer:innen, denn der Hund wird die Führung nur dann annehmen, wenn er von der Qualität des Menschen überzeugt ist. Ein Formel 1 Fahrer wird die Kurve nur schaffen, wenn er davon überzeugt ist, diese zu meistern. Wenn er Selbstzweifel hat, wird er scheitern.

Was ist „Haltung“ und warum ist sie so wichtig?
Haltung ist keine Technik oder eine Einstellung zum Leben. Haltung ist die innere Einstellung, mit der du deinen Hund führst. Sie umfasst deine Einstellung zu dir selbst, zu deinem Hund und zu der Beziehung, die ihr miteinander aufbauen möchtet. Es geht um die Klarheit, mit der du deinen Hund durch den Alltag führst. Diese Klarheit zeigt sich in der Art und Weise, wie du mit deinem Hund kommunizierst, wie du auf sein Verhalten reagierst und wie du deine Erwartungen an ihn formulierst.

Die Haltung ist entscheidend, weil Hunde uns nicht nur durch Worte und Kommandos verstehen, sondern vor allem durch unsere Energie, Körpersprache und unseren inneren Zustand. Sie spüren, ob wir uns sicher und klar sind oder ob wir uns selbst unsicher und verwirrt fühlen. Ein Hund, der merkt, dass sein Mensch von Zweifeln geplagt wird oder nicht mit klarer Absicht handelt, wird sich oft nicht sicher und wohl fühlen und ist deshalb eher geneigt, selbst die Führung zu übernehmen. Hunde folgen nämlich nicht dem, was wir sagen – sie folgen dem, was wir fühlen und wie wir uns verhalten.

Der Moment des Haltungswechsels

In vielen Coachings komme ich zu einem Punkt, an dem der Halter oder die Halterin einen entscheidenden Haltungswechsel vollziehen muss. Häufig liegt dieser Moment in der Erkenntnis, dass es nicht nur darum geht, dem Hund „Techniken“ beizubringen, sondern sich selbst zu verändern. Der Hund analysiert uns ständig, um herauszufinden, in welchem Zustand wir uns befinden. Diese Analyse erfolgt nicht durch Worte, sondern durch die Art und Weise, wie wir uns in unserer eigenen Haut bewegen und kommunizieren. Wenn wir uns in einem Zustand der Unsicherheit oder Unklarheit befinden, wird der Hund das spüren und seine eigene Position als „Leader“ einnehmen.

Ein typisches Beispiel für diesen Moment ist der Hund, der seine Besitzer ständig anspringt. In solchen Situationen zeigt der Hund oft, dass er uns nicht als souveräne Führungsperson anerkennt. Der Hund weiß, dass er selbst die Kontrolle übernehmen kann, weil er merkt, dass der Mensch nicht in der Lage ist, seine eigenen Unsicherheiten und Zweifel zu überwinden.

Dieser Punkt der Veränderung kann schwierig sein, weil er mit einer tiefgehenden Selbstreflexion des Halters verbunden ist. Der Hund wird uns die Führung nur überlassen, wenn wir uns selbst und unser Verhalten mit Klarheit reflektieren und erkennen, wo wir uns verbessern können.

Die Herausforderung der Klarheit

Ein häufiges Problem, das viele Hundebesitzer:innen haben, ist, dass sie selbst unsicher in ihrer Rolle sind. Sie haben einen Hund, der unruhig oder schwierig zu handhaben ist, aber sie sind sich nicht sicher, wie sie ihm gegenüber auftreten sollen. Oft hört man Aussagen wie: „Mein erster Hund war so brav, ich möchte in Zukunft einen Hund, mit dem ich überall hingehen kann..." oder „Er zieht eh nur die ersten 30 Minuten an der Leine...". Solche Rückblicke und Ausblicke zeigen uns, dass wir oft von der Vergangenheit oder der Zukunft beeinflusst sind und in der Gegenwart nicht fokussiert und klar agieren können.

Wir Menschen sind es selten gewohnt, mit Klarheit durchs Leben zu gehen. Die Gesellschaft fordert uns häufig auf, uns zurückzuhalten, nicht aufzufallen und Kompromisse einzugehen. Wir lernen, uns anzupassen und zu beschwichtigen, um Konflikte zu vermeiden.

Diese Verhaltensweisen übertragen wir oft auch auf unsere Hunde. Wir entschuldigen das Verhalten des Hundes mit der Aussage: „Das ist normales, hündisches Verhalten, der bellt immer am Zaun und läuft bei jedem Passanten auf und ab.“ Solche Gedanken sind nicht nur eine Entschuldigung für unerwünschtes Verhalten, sondern auch eine Bestätigung für den Hund, dass sein Verhalten akzeptiert wird. Hunde, die sich so verhalten, haben in der Regel nie gelernt, was von ihnen erwartet wird und der Hund erkennt, dass er die Kontrolle über die Situation hat.

Die Haltung der Führung: Klarheit und Konsequenz

Die Lösung liegt in einem Haltungswechsel – nicht für den Hund, sondern für den Menschen. Der Mensch muss sich fragen: Bin ich bereit, ein souveräner Wegbegleiter zu sein, oder bin ich unklar und gebe dem Hund regelmäßig viele Gelegenheiten, sich in unserer Gesellschaft schlecht zu benehmen? Welche Haltung nehme ich ein, wenn ich mit meinem Hund zusammen bin?

Es geht nicht darum, autoritär oder streng zu sein, sondern darum, mit einer klaren und ruhigen Energie durch den Alltag zu gehen. Klarheit bedeutet nicht, dass man jedes Verhalten des Hundes im Detail kontrolliert oder ihm jeden Schritt vorschreibt. Vielmehr bedeutet es, dass der Hund die Sicherheit spürt, dass er sich auf seinen Menschen verlassen kann und dass dieser weiß, was zu tun ist, wenn Situationen auftreten. Diese Klarheit geht mit einer konsequenten, aber liebevollen Führung einher, bei der der Hund immer wieder lernt, was von ihm erwartet wird.

Ein Hund, der spürt, dass er sich auf seinen Menschen verlassen kann, wird ihm folgen. Der Halter muss jedoch bereit sein, sich selbst zu hinterfragen und gegebenenfalls seine Haltung zu verändern, um dem Hund die Sicherheit zu geben, die er braucht.

Die Bedeutung der Vorbereitung und Vision

In meinen Coachings betone ich immer, dass es nicht nur um die Technik geht, sondern vor allem um die Einstellung und die Vision des Halters. Es ist von entscheidender Bedeutung, sich frühzeitig darüber klar zu werden, wie man mit seinem Hund zusammenleben möchte. Die Entscheidung, sich einen Hund zuzulegen, ist nicht nur eine Frage der Auswahl der richtigen Ausrüstung oder der „richtigen Rasse“, sondern auch eine Frage der inneren Haltung. Bevor ein Hund in unser Leben tritt, sollten wir uns Gedanken darüber machen, welche Art von Beziehung wir zu ihm aufbauen möchten und wie wir ihm die Führung bieten wollen.

Viele Menschen denken oft zu sehr in kurzfristigen Lösungen oder in den „praktischen“ Aspekten der Hundeerziehung. Sie kaufen die teuerste Leine, den besten Hundekorb oder das ausgeklügeltste Trainingsspielzeug, ohne zu bedenken, dass das wichtigste Hilfsmittel in der Hundeerziehung nicht ein physisches Objekt ist, sondern die eigene innere Haltung.

Fazit: Klarheit durch Haltung

Die Haltung, mit der wir unseren Hund führen, ist der wahre Schlüssel zum Erfolg. Sie bestimmt nicht nur unser Verhalten, sondern beeinflusst direkt, wie unser Hund auf uns reagiert. Wenn wir mit Klarheit und Souveränität durchs Leben gehen, wird unser Hund uns folgen – nicht aus Angst oder Gehorsam, sondern aus Vertrauen. Die Frage ist: Bist du bereit, die Führung zu übernehmen? Bist du bereit, an deiner Haltung zu arbeiten und mit einem klaren Ziel vor Augen deinen Hund zu führen? Ein souveräner Wegbegleiter zu sein, bedeutet nicht, perfekt zu sein, sondern ehrlich zu sich selbst zu sein und Verantwortung zu übernehmen. In diesem Sinne: Ändere deine Haltung, und du wirst eine tiefere, harmonische Verbindung zu deinem Hund aufbauen können.

Fragen zur Selbstreflexion:

1. Wie sicher fühlst du dich in deiner Rolle als Leader deines Hundes? Gibt es Situationen, in denen du Zweifel an deiner Fähigkeit hast, klare Führung zu übernehmen?

2. Wann hast du das letzte Mal bewusst darüber nachgedacht, welche Haltung du deinem Hund gegenüber einnimmst? Welche Auswirkungen könnte diese Haltung auf das Verhalten deines Hundes haben?

3. Gibt es bestimmte Verhaltensweisen deines Hundes, die du lange als „normal" akzeptiert hast? Wie könntest du deine Haltung ändern, um diese Verhaltensweisen zu hinterfragen und zu verändern?

4. Wenn du an deine eigene innere Haltung denkst, wie würdest du diese beschreiben? Ist sie eher von Unsicherheit und Anpassung geprägt oder von Klarheit und Entschlossenheit?

5. Hast du das Gefühl, dass dein Hund deine Unsicherheiten bemerkt? Wie könntest du ihm

mehr Sicherheit und Vertrauen vermitteln, indem du an deiner eigenen Haltung arbeitest?

6. Wann hast du das letzte Mal eine klare Entscheidung darüber getroffen, wie du mit deinem Hund zusammenarbeiten möchtest? Hast du dir eine Vision für eure Beziehung geschaffen?

7. Wie gehst du mit schwierigen Situationen im Alltag um, in denen dein Hund unangemessen reagiert? Ergreifst du die Führung oder lässt du zu, dass der Hund das Verhalten bestimmt?

8. Bist du bereit, dich selbst und deine Haltung zu hinterfragen, um eine stärkere und vertrauensvollere Beziehung zu deinem Hund aufzubauen? Welche Schritte kannst du unternehmen, um dies zu erreichen.

Der Kompass

Mira stand mit ihrem Hund Oscar an der Tür. Der Wind zog durch die Ritzen des Fensters und blies die blätterlosen Äste der Bäume hin und her. Es war ein weiterer Spaziergang, den sie gemeinsam machen sollten, doch etwas in ihr war unentschlossen. Oscar, ein lebhafter

Labrador, schnüffelte an der Tür, sprang aufgeregt hin und her, als wüsste er nicht, ob er jetzt hinausgehen oder noch eine Weile warten sollte. Mira seufzte. Die letzten Wochen waren schwierig gewesen. Oscar war wild, zog an der Leine, bellte bei jedem Geräusch und jagte nach allem, was sich bewegte. Sie wusste, dass sie etwas ändern musste, doch je mehr sie versuchte, ihm klare Kommandos zu geben, desto mehr schien er sich in seiner eigenen Welt zu verlieren. War es der Hund, der nicht hören wollte? Oder war sie selbst es, die die Kontrolle nicht finden konnte? An diesem Tag, als sie die Wohnung verließ, spürte Mira etwas in sich. Es war ein leiser Gedanke, fast ein Flüstern: *„Vielleicht musst du nicht nur dem Hund klare Anweisungen geben, sondern auch dir selbst klarer werden."* In dem Moment erinnerte sie sich an ein Coaching, das sie vor einiger Zeit gehört hatte, in dem es um die Haltung ging – den inneren Zustand, der weit mehr Einfluss hatte als jedes Kommando. Sie dachte an die Worte des Coaches: *„Haltung ist der Kompass, der den Weg weist. Dein Hund folgt nicht nur deinen Worten, sondern deiner Klarheit."* Und dann war es so, als würde ein Licht in ihr aufgehen. Sie atmete tief durch und richtete ihre Schultern auf. Mira war sich nun bewusst, dass ihre Unsicherheit über das Verhalten von Oscar, ihre ständigen Fragen, wie sie richtig reagieren sollte, das Problem war. Sie war zerrissen zwischen „Was soll ich tun?" und „Wie kann ich ihm helfen?" – und Oscar spürte genau diese Unklarheit. Mit einem entschlossenen Schritt öffnete sie die Tür. *„Komm, Oscar,"* sagte sie ruhig und selbstbewusst, als ob es gar keine Frage gab, dass sie wusste, was zu tun war. Oscar hielt inne, sah sie an und folgte ihr ohne Zögern. Der Spaziergang war nicht länger ein Kampf. Sie ging mit einem klaren Ziel vor Augen, und das spürte auch Oscar. Jeder Schritt, den sie machte, hatte nun eine Bedeutung. Kein Zerren, kein Hadern – nur klare Führung. Es war nicht die Technik, die alles veränderte, sondern die innere Haltung, die Mira zu einem sicheren

Leader machte. Die Klarheit, mit der sie sich selbst und ihren Hund durch den Spaziergang führte, spiegelte sich in Osars Verhalten wider. Der Wind, der noch vor wenigen Minuten an den Bäumen gerüttelt hatte, schien nun in einem harmonischen Einklang mit den beiden zu wehen. Sie waren nicht nur auf einem Spaziergang – sie waren gemeinsam auf einem Weg, der sie näher zusammenbrachte.

Klammeraffen

Bei Hund Mensch Coaching Gumpinger verfolgen wir ein klares Ziel: Wir machen aus Hundemenschen wahre Führungspersönlichkeiten. Sobald der Gedanke „Hund“ ins Spiel kommt, beginnt eine Reise, die echtes, authentisches Leadership verlangt. Dabei geht es nicht um Macht, sondern um Struktur, Regeln und eine faire Kommunikation. Dies ist die Grundlage für ein harmonisches Mensch-Hund-Team. Doch bevor wir mit dieser Reise beginnen können, gibt es ein kleines, aber oft hartnäckiges Problem: die „Klammeraffen“.

Nun, keine Sorge – es handelt sich nicht um die Tiere aus dem Dschungel, sondern vielmehr um die mentalen „Klammeraffen“: festgefahrene Vorstellungen, tiefsitzende Gewohnheiten und Muster, die viele Hundebesitzer regelrecht an sich „festkrallen" und die eine klare und authentische Führung erschweren. Diese Gedankenmuster und Überzeugungen sitzen so fest, dass sie sich wie ein unsichtbares Gewicht anfühlen und jede Bewegung hemmen. Sie sind die Klammeraffen, die uns zurückhalten, uns in alten Denkmustern verfangen lassen und uns daran hindern, als echte Führungspersönlichkeiten aufzutreten.

Die mentale Last der Klammeraffen

Ein Klammeraffe ist, was du von dir selbst erwartest. Zum Beispiel könnte es der Gedanke sein, dass du als Hundehalter ständig für das Wohl deines Hundes verantwortlich bist, dass du immer der perfekte Hundebesitzer sein musst oder dass ein Hund unbedingt immer gehorsam und „brav" sein muss. Diese Vorstellungen führen oft dazu, dass wir in einem ständigen Zustand der Unsicherheit oder Überkompensation leben. Wir versuchen, den Hund durch Streicheln, Lob oder immer wiederkehrende Belohnungen zu kontrollieren, ohne ihm klare Strukturen zu bieten. Diese Form der Erziehung erschwert nicht nur die Beziehung zum Hund, sondern lässt uns selbst in einer Position der ständigen Unsicherheit.

Ein weiteres Beispiel: Du hast vielleicht einen Hund, der beim Spaziergang an der Leine zieht. Anstatt klar und konsequent zu handeln, versuchst du es mit immer neuen Mitteln – mal lenkst du ab, mal lockst du mit Leckerchen, mal flüsterst du beruhigende Worte. Doch der Hund merkt, dass du die Kontrolle über die Situation nicht wirklich hast. Du hast dich nicht von deinen inneren „Klammeraffen" gelöst, die dir sagen, dass du es immer nett und lieb angehen musst, um Konflikte zu vermeiden. Aber was du in diesem Moment wirklich brauchst, ist Klarheit und Führung.

Lösungsansatz: Klammeraffen loslassen

Unsere erste Mission ist es, uns von diesen Klammeraffen zu befreien. Der erste Schritt dazu ist, sich bewusst zu machen, dass wir als Hundebesitzer Verantwortung tragen – nicht nur für das Wohl des Hundes, sondern auch für den Verlauf unserer Beziehung zu ihm und für die Umwelt. Ein Hundebesitzer muss sich von der Vorstellung lösen, dass der Hund immer glücklich oder sofort gehorsam sein muss, um Liebe und Zuneigung zu verdienen. Die Realität ist, dass ein Hund – genau wie wir Menschen – Struktur, Regeln und klare Kommunikation braucht, um Vertrauen aufzubauen.

Beispiel: Die Klammeraffen und die Leinenführung

Nehmen wir ein konkretes Beispiel aus der Praxis. Ein Hundebesitzer kommt mit seinem Hund zu mir, der ständig an der Leine zieht. Der Hund ist aufgeregt, zieht in alle Richtungen und zeigt wenig Selbstbeherrschung. Der Besitzer ist bemüht, den Hund zu beruhigen, indem er mit Leckerchen oder sanften Worten auf ihn einredet. Doch dieser Ansatz funktioniert nicht. Warum? Weil der Hund nicht versteht, was von ihm erwartet wird. Der Besitzer hat sich so in den Klammeraffen verfangen, die ihm sagen, dass er immer nett und geduldig sein muss, dass er keine klaren Grenzen setzt. Hunde schaffen sich in einem Rudel nie etwas gegenseitig an. Sie bestechen sich nicht mit Futter. Sie untersagen und korrigieren schlechtes Benehmen. Ist alles wieder in Ordnung, ist das Raum- Engergie- und Bewegungsmanagement wieder hergestellt, wird ruhig nebeneinander gelebt.

In diesem Fall geht es darum, sich von der Vorstellung zu lösen, dass der Hund nur dann gut geführt wird, wenn der Halter ständig „freundlich“ ist. Stattdessen sollte der Hundebesitzer lernen, ruhig und bestimmt aufzutreten. Der Hund muss verstehen, dass er an der Leine nicht ziehen darf – nicht weil er bestraft wird, sondern weil er einen klaren Leader braucht, der die Situation kontrolliert. Der Besitzer muss in dieser Situation als Führungsperson auftreten und mit einer klaren Körpersprache dem Hund zeigen, was er tun soll. Sobald der Klammeraffe des „sanften, aber ständig nachgebenden Hundebesitzers“ losgelassen wird, beginnt der Hund, die klare Führung zu akzeptieren.

Die Magie des Loslassens

Wenn die Klammeraffen nach und nach von Bord gehen, passiert etwas Magisches. Es entsteht Raum für echte Harmonie, Ruhe und eine authentische Verbindung zum Hund. Der Hund spürt die Klarheit und Sicherheit des Besitzers und beginnt, sich entsprechend zu verhalten. Diese Klarheit kommt nicht aus einem strikten, autoritären Verhalten, sondern aus einer festen Überzeugung des Hundebesitzers, dass er weiß, was zu tun ist, ohne sich in inneren Konflikten oder Zweifeln zu verfangen. Der Hund kann nun auf eine verlässliche Führung vertrauen und ist in der Lage, sich zu entspannen und das zu tun, was von ihm erwartet wird.

Der Weg zur authentischen Führung

Mein Appell an dich als Hundebesitzer lautet: Sei ein authentischer Leader. Ein verlässlicher Begleiter für deinen Hund. Klar, konsequent und echt. Um das zu erreichen, musst du dich von deinen Klammeraffen lösen. Das bedeutet, alte Denkmuster und Ängste abzulegen und den Mut zu finden, deinem Hund klar und fair entgegenzutreten. Du wirst überrascht sein, wie frei und leicht sich dieser Schritt anfühlt – für dich und deinen Hund.

Wenn du dich von deinen Klammeraffen befreist, wirst du feststellen, dass deine Beziehung zu deinem Hund nicht nur stabiler und respektvoller wird, sondern auch viel erfüllender. Ein Hund, der in einem klar strukturierten und respektvollen Umfeld lebt, wird nicht nur besser gehorchen, sondern auch mehr Vertrauen zu dir entwickeln und sich sicherer fühlen. Und genau das ist der Schlüssel zu einer erfolgreichen und harmonischen Partnerschaft.

Fazit: Klammeraffen ade, Souveränität olé!

Die Reise zu einer harmonischen Mensch-Hund-Beziehung beginnt mit einem weiteren Schritt: der Entscheidung, sich von den Klammeraffen zu lösen. Es geht darum, sich selbst zu erkennen, Verantwortung zu übernehmen und als souveräner Leader zu agieren. Wenn du dies tust, wirst du nicht nur das Vertrauen deines Hundes gewinnen, sondern auch eine tiefere, authentische Verbindung schaffen, die das Fundament einer erfolgreichen Zusammenarbeit bildet. Klammeraffen ade,

Souveränität olé – der Weg zu einem klaren, erfüllten Zusammenleben mit deinem Hund beginnt jetzt.

Fragen zur Selbstreflexion:

1. Welche „Klammeraffen“ erkennst du an dir? Gibt es tiefsitzende Überzeugungen oder Vorstellungen, die dich daran hindern, klare Führung für deinen Hund zu übernehmen?

2. Gibt es bestimmte Vorstellungen, die du über die Rolle eines Hundebesitzers hast (z.B. immer lieb oder geduldig zu sein)? Wie beeinflussen diese Gedanken dein Verhalten als Führungsperson?

3. In welchen Momenten fühlst du dich unsicher oder überfordert in deiner Rolle als Hundebesitzer? Was hält dich zurück, klar und bestimmt zu handeln?

4. Wann hast du das letzte Mal bewusst eine Entscheidung getroffen, dich von alten Denkmustern oder Ängsten zu lösen, um deine Rolle als

Hundebesitzer zu stärken?

5. Wie fühlt sich die Vorstellung an, eine klare, souveräne Führungsperson für deinen Hund zu sein? Was musst du tun, um diesen Zustand zu erreichen?

Fesseln

„Warum nur funktioniert das nicht?“, fragte sich Marie immer wieder, während sie von einem Spaziergang zum nächsten stapfte. Es war ein Gefühl, das sie nie losließ – das Gefühl, als Hundebesitzerin nicht genug zu sein, immer zu versagen, nie genug Kontrolle zu haben. Doch was sie nicht wusste: Sie trug einen unsichtbaren Rucksack voller „Klammeraffen“ – festgefahrene Gedanken und Erwartungen, die ihre Fähigkeit, klar und authentisch zu führen, blockierten. Eines Morgens, nach einem besonders anstrengenden Spaziergang, traf Marie auf einen Menschen, der ihr Coaching anbot. „Du trägst mehr als nur Leine und Hundebeutel“, sagte er mit einem Lächeln. „Du trägst Klammeraffen.“ Marie verstand nicht sofort. Doch als er ihr erklärte, dass diese Klammeraffen nicht kleine Tiere aus dem Dschungel seien, sondern ihre eigenen tief verwurzelten Denkmuster und Ängste, begann sie, nachzudenken. Die „Klammeraffen“ waren die Gedanken, die ihr ständig einflüsterten, dass sie immer freundlich zu Leo sein musste, dass der Hund immer gehorsam sein sollte, dass sie ständig um seine Liebe und Zuneigung kämpfen musste. Diese Vorstellungen hielten sie in einem Zustand der Unsicherheit gefangen. Der Hund, so erklärte der Coach, brauchte keine ständigen Belohnungen oder Zuwendung, sondern klare Führung. Er musste wissen, was von ihm erwartet wurde. Statt ihre Rolle als „Freundin" zu begreifen, musste sie lernen, als „Pilotin" zu handeln. Die Fesseln der Klammeraffen – ihre Ängste und Zweifel – mussten losgelassen werden, um Platz für wahre Führung zu schaffen. In der darauffolgenden Woche nahm Marie diese Herausforderung an. Beim nächsten Spaziergang entschied sie sich, nicht mehr in den alten Mustern zu verharren. Sie stellte sich gerade, atmete tief ein und kommunizierte ruhig und bestimmt über ihren Körper: „Leo, hier bleiben." Zum ersten Mal in langer Zeit war der Hund sofort aufmerksam. Er hielt an, drehte sich zu ihr und wartete auf ihr nächstes Signal. Marie spürte die Veränderung, die in ihr selbst stattfand. Sie war nicht mehr die unsichere Hundebesitzerin, die sich in einem Wirbel aus „müssen" und „sollen" verhedderte. Sie war die klare Führungspersönlichkeit, mit der Leo ins Gespräch trat.

Die Klammeraffen, die ihr bis dahin das Gefühl der Kontrolle entzogen hatten, waren plötzlich verschwunden. Leo zog nicht mehr an der Leine, weil er nun verstand, dass sie wusste, was zu tun war – ruhig, sicher, konsequent. Kein Zögern mehr, kein Überkompensieren, keine inneren Konflikte. Nur Klarheit.

„JEIN“ – Die Verwirrung der Unklarheit

In der Hundeerziehung gibt es einen Modus, der so viel Verwirrung stiftet wie kein andere: der „Jein“-Modus. Diese Botschaft, die für Zögern und Uneindeutigkeit steht, führt zu Missverständnissen und Unsicherheit – und das nicht nur auf der Seite des Menschen, sondern vor allem auf der Seite des Hundes. Was Hunde wirklich brauchen, sind klare und konsistente Botschaften, die ihnen Sicherheit und Orientierung bieten. Doch leider passiert es immer wieder, dass wir Menschen genau das Gegenteil tun und uns in einem Zustand der Unentschlossenheit und Unklarheit wiederfinden.

Ein typisches Beispiel für den „Jein-Modus“ findet sich in vielen Haushalten: Dein Hund springt dich freudig an, überdreht vor Freude und in der Hoffnung, deine Aufmerksamkeit zu erlangen. In diesem Moment sagst du „Nein“, aber gleichzeitig weicht dein Körper zurück, vielleicht sogar mit einem unsicheren Lächeln oder einer halbherzigen Handbewegung. Was nimmt der Hund aus dieser Situation mit? Ganz sicher kein klares „Lass das!“. Stattdessen liest er deine Körpersprache, die ihm signalisiert, dass du kein wirkliches Problem mit seinem Verhalten hast. Dein „Nein“ wird durch dein Zurückweichen und deine unsichere Körpersprache zu einem „Mach ruhig weiter“, das ihm nur noch mehr Gelegenheit gibt, sein Verhalten fortzusetzen.

Die Problematik des „Jeins“

Das eigentliche Problem liegt nicht in dem Wort „Nein“ selbst, sondern in der Inkonsistenz zwischen dem, was wir sagen, und dem, was wir mit unserer Körpersprache vermitteln. Die Körpersprache ist ein wesentlich stärkeres Kommunikationsmittel für Hunde als Worte. Hunde sind Meister darin, nonverbale Signale zu lesen und sie reagieren unmittelbar darauf. Wenn unsere Körpersprache dem gesagten Wort widerspricht, entsteht Verwirrung und der Hund weiß nicht, was von ihm erwartet wird.

Wir Menschen verwenden Worte, um unsere Wünsche und Anweisungen auszudrücken, aber für den Hund sind es nicht die Worte, die entscheidend sind. Vielmehr ist es das Verhalten, die Haltung und die Art und Weise, wie wir uns ihm gegenüber verhalten, die für ihn zählen. Wenn du also „Nein“ sagst und gleichzeitig von deinem Hund zurückweichst, gibt dein Körper deinem Hund das Signal, dass er weitermachen kann, weil du ihm keinen klaren Widerstand entgegensetzt. Deine Worte verlieren somit ihre Bedeutung.

Das „Jein“ im Alltag: Missverständnisse schaffen

Stellen wir uns vor, ein Hundebesitzer möchte seinem Hund beibringen, nicht zu springen, wenn Besucher die Wohnung betreten. Jedes Mal, wenn jemand an der Tür klingelt, springt der Hund aufgeregt hoch und begrüßt die Person mit ungestümer Freude. Der Besitzer sagt dann „Nein, nicht springen!“, während er gleichzeitig einen Schritt zurückweicht, vielleicht sogar das Gesicht leicht zur Seite neigt und sich auf eine eher abwehrende, aber weiche Haltung begibt. Was passiert? Der Hund springt weiter. Warum? Weil der Hund keine klare Botschaft bekommt. Die Körpersprache des Menschen signalisiert, dass er in der Situation unsicher ist. Der Hund spürt, dass er keine echte Führung erhält, und fährt fort, das zu tun, was er will.

Wenn wir uns also in solchen Momenten auf den „Jein“-Modus einlassen, führt dies zu einer verunsichernden

Kommunikation, die den Hund in seinem Verhalten nicht verändert, sondern ihn weiter in seiner eigenen Interpretation der Situation bestätigt. Der Hund erkennt, dass das, was wir sagen, nicht dem entspricht, was wir tun, und reagiert entsprechend. Er merkt, dass er den Raum immer wieder einnehmen kann, auch wenn ihm verbal Grenzen gesetzt werden.

Die Lösung: Klarheit durch Körpersprache

Was bedeutet das für die Hundeerziehung im Alltag? Es bedeutet, dass wir uns weniger auf Worte konzentrieren sollten und mehr auf unsere Handlungen und Körpersprache. Um Missverständnisse zu vermeiden und wirklich klare Signale zu senden, müssen wir lernen, unsere Körpersprache gezielt einzusetzen. Wenn ein Hund springt und wir ihm mit einem klaren, festen „Nein“ begegnen wollen, sollten wir nicht nur verbal eingreifen, sondern auch körperlich: Wir treten einen Schritt nach vorne, übernehmen den Raum, ohne dabei aggressiv oder schroff zu sein, und zeigen dem Hund mit einer ruhigen, bestimmten Körpersprache, dass dieses Verhalten nicht akzeptiert wird. Unsere Körpersprache sollte das Wort „Nein“ unterstreichen und es so zu einer eindeutigen, klaren Botschaft machen.

Anstatt zurückzuweichen oder in einem „Ja, aber"-Modus zu bleiben, sollten wir aktiv in die Führung gehen. Wenn wir mit dem Hund spazieren gehen und er an der Leine zieht, ist es entscheidend, dass wir nicht nur mit Worten wie „Hör auf" oder „Nein" eingreifen, sondern mit einer Körpersprache, die dem Hund zeigt, der Raum vor dir wird nicht betreten. Die Bedeutung der konsequenten Kommunikation

Klarheit ist der Schlüssel. Hunde brauchen keine langen Erklärungen, keine philosophischen Diskussionen und auch keine mehrfache Wiederholung und schon gar keine ewige Verhaltens-Dressur durch Futter. Was sie brauchen, ist eine klare, konsistente Kommunikation, die aus unseren Worten und unserer Körpersprache eine Einheit bildet. Wenn du „Nein" sagst, dann sollte alles, was du tust, und jede Bewegung, die du machst, das unterstützen, was du verbal ausdrückst. Hunde reagieren auf Authentizität, und sie erkennen sofort, ob sie eine klare Führung erhalten oder ob sie einem „Jein" begegnen.

Die Kunst der Hundeerziehung besteht nicht darin, perfekt in der Wortwahl zu sein, sondern darin, in jeder Situation eine eindeutige und klare Kommunikation zu bieten. Sobald du beginnst, deine Körpersprache bewusst einzusetzen und sie mit deinen verbalen Kommandos in Einklang zu bringen, wirst du feststellen, dass dein Hund viel schneller versteht, was von ihm erwartet wird. Die Unsicherheit verschwindet und das Vertrauen zwischen euch wächst.

Fazit: Vom „Jein“ zum klaren „Nein“

Die wichtigste Erkenntnis aus dem „Jein“-Modus ist, dass Hunde nicht nur hören, was wir sagen, sondern auch genau beobachten, wie wir uns bewegen und welche Botschaften wir durch unsere Körpersprache senden. Ein klares „Nein“ sollte immer durch eine ebenso klare Körpersprache unterstützt werden. Wenn wir unsere Kommunikation auf diese Weise konsequent und klar gestalten, können wir Missverständnisse vermeiden und eine vertrauensvolle Beziehung zu unserem Hund aufbauen. Der „Jein“-Modus wird so zu einem klaren „Nein“, das von deinem Hund verstanden und respektiert wird. Und das führt zu einem harmonischen Miteinander, das auf echter Kommunikation basiert.

Fragen zur Selbstreflexion:

1. Wann hast du das letzte Mal bewusst in einer Situation „Nein“ gesagt, aber durch deine Körpersprache eine unsichere oder widersprüchliche Nachricht vermittelt? Wie hast du dich danach gefühlt?

2. In welchen Momenten merkst du, dass dein Hund nicht auf deine verbalen Kommandos reagiert? Könnte das an einer inkonsistenten Körpersprache deinerseits liegen?

3. Wie fühlt es sich für dich an, wenn du klar und bestimmt mit deinem Hund kommunizierst? Was verändert sich in seiner Reaktion?

4. Wie kannst du deine Kommunikation insgesamt verbessern, um deinem Hund mehr Klarheit und Sicherheit zu geben? Was würdest du ändern?

5. Wie gehst du mit deiner Unsicherheit um, wenn du als Führungsperson für deinen Hund auftreten musst? Welche Schritte könntest du

unternehmen, um selbstsicherer zu werden?

Die verirrte Flamme

Im Herzen eines dichten Waldes brannte eine kleine Flamme in einer Laterne. Ihr Licht war schwach und flackerte unbeständig, als ob sie sich nicht entscheiden konnte, ob sie brennen oder verlöschen wollte. Jeden Abend versammelten sich Tiere rund um die Flamme, um ihren Schein zu genießen. Doch was sie erlebten, war mehr als nur Licht und Wärme – es war eine ständige Unklarheit. Der Eule, die immer nach dem klarsten Blick auf den Wald suchte, fiel als erstes auf, dass das Licht der Laterne nicht immer gleich war. Mal schien es stark, mal flackerte es kaum. Neugierig näherte sie sich der Flamme und fragte: „Warum brennst du so schwach? Warum flackerst du ständig?“ Die Flamme zitterte und antwortete zögerlich: „Ich will stark leuchten, doch manchmal weiß ich nicht, wie. Manchmal bekomme ich den Wind des Zweifels und er weht meine Klarheit fort.“ Die Eule schüttelte den Kopf und antwortete: „Du musst deinen Brennstoff finden und ihn fest in deinen Kern legen. Nur so kannst du klar leuchten und den Wald erhellen.“

Trotz der weisen Worte der Eule flackerte das Licht weiter und auch die anderen Tiere, die sich um die Flamme versammelten, bemerkten die Unstimmigkeit. Der Fuchs, der nie viel sagte, aber viel beobachtete, bemerkte ebenfalls: „Du sagst, du möchtest stark brennen, aber du tust nichts, um es zu tun. Dein Licht ist unklar und wir wissen nicht, ob du uns wärmen willst." Die Flamme fühlte sich unsicher und fragte sich, wie sie stark sein konnte, wenn sie selbst nicht wusste, was sie wirklich wollte. Ihr Licht war eine Mischung aus Bestreben und Zweifeln, aus dem Wunsch, zu leuchten und der Angst vor der Dunkelheit. Eines Nachts, als der Wind besonders stark war, wehte er die Flamme beinahe aus. Doch in diesem Moment, angetrieben von der Erkenntnis, dass sie nicht länger im „Jein"-Zustand verweilen konnte, konzentrierte sie sich auf einen festen Willen: „Ich werde leuchten und ich werde es klar tun", flüsterte sie sich selbst zu. Mit diesem Entschluss erlangte das Licht eine neue Kraft, wurde stabiler und stärker. Die Tiere, die sich um sie versammelt hatten, bemerkten sofort den Unterschied. Ihr Licht war klar und sie wusste, was sie wollte.

Kompetenzen

„Führe deinen Hund mit Herz und Verstand, nicht mit Futter." Dieser Satz ist ein zentraler Leitgedanke in meiner Arbeit. Denn es geht mir nicht darum, meine Kunden zu Technikfreaks zu machen oder ihnen eine Vielzahl an Methoden und Tricks beizubringen. Vielmehr möchte ich ihnen das Vertrauen und die Kompetenz vermitteln, die sie brauchen, um in ihrer eigenen Führung als Hundebesitzer stark und authentisch zu sein.

In meinen Coachings und Seminaren lege ich einen klaren Fokus auf die Selbstständigkeit meiner Kunden. Mein Ziel ist es nicht, dass sie jahrelang auf meine Hilfe angewiesen sind, sondern dass sie schnell wieder „im Freilauf" sind – als souveräne Rudelführer. Ich wünsche mir keine Stammkunden, die immer wieder zurückkommen, um dieselben Probleme zu lösen. Vielmehr möchte ich, dass sie lernen, selbständig und kompetent mit ihrem Hund zu kommunizieren und zu handeln. Denn wahre Kompetenz kommt nicht von der ständigen Unterstützung eines Trainers, sondern von der Fähigkeit, selbst zu verstehen und zu agieren.

Die Macht der Klarheit und Konsequenz

Mit Herz, Verstand und dem richtigen Wissen über die Kommunikation zwischen Mensch und Hund kann jeder Hundebesitzer viel schneller und effizienter positive Veränderungen erzielen. Es geht nicht darum, Hunde zu dressieren oder sie ständig mit Leckerlis zu belohnen. Vielmehr geht es um eine klare und ehrliche Kommunikation. Die Probleme, die wir in der Hundeerziehung erleben, haben oft ein gemeinsames Grundproblem: Hunde machen das, was sie machen dürfen. Sie lernen durch Erfahrungen und durch das Verhalten, das wir ihnen vorleben. Wenn wir es schaffen, klare und faire Grenzen zu setzen, lösen sich viele Verhaltensprobleme fast von selbst.

Ein „Leinenrowdy“ wird nicht ruhiger, wenn der Mensch mit der Leine zieht, sondern selbst klar und ruhig bleibt und dem Hund zeigt, dass dieses Verhalten keine Wirkung hat. Ein sensibler Hund, der schnell überreizt wird, lernt, mit seiner Umwelt besser umzugehen, wenn der Mensch ihm Sicherheit gibt – durch Klarheit und ruhige Führung. Indem wir aufhören, uns nur auf äußere Belohnungen wie Leckerlis zu stützen, sondern die Kommunikation und das Verhalten selbst in den Mittelpunkt stellen, schaffen wir eine tiefere Verbindung zu unserem Hund.

Die Balance von Zuneigung, Kommunikation und Regeln

Der wahre Schlüssel zu einer erfolgreichen Mensch-Hund-Beziehung liegt in der Balance. Es geht um Zuneigung und Kommunikation, aber auch um klare Regeln und eine gesunde Portion Spaß. Ein Hund, der weiß, was von ihm erwartet wird, fühlt sich sicher und geborgen. Aber ebenso wichtig ist es, ihm auch die Freiheit zu lassen, sich in seinem Alltag zu entfalten. Dieses Gleichgewicht erreicht man nicht durch eine Ansammlung von Kommandos. Es kommt vielmehr darauf an, wie man als Mensch mit seinem Hund umgeht: Wie klar und konsequent man in der Kommunikation ist, wie ehrlich man ihm gegenüber ist und wie sicher man selbst in seiner Führung wird.

Viele Menschen fragen sich: „Wie kommuniziere ich richtig mit meinem Hund?“ oder „Welche Regeln braucht er?“. Diese Fragen sind fundamental, denn sie helfen dabei, die eigenen Ziele und Erwartungen in der Erziehung zu definieren. Doch eine der wichtigsten Fragen ist: „Wie reagiere ich, wenn sich mein Hund daneben benimmt, wenn er darüber nachdenkt, etwas Verbotenes zu machen?“ Die Antwort darauf ist oft einfach, aber entscheidend. Es geht nicht darum, den Hund für sein Verhalten zu bestrafen, sondern darum, klare Signale zu setzen und dem Hund konsequent zu zeigen, was er tun darf und was nicht. Der Hund braucht keine komplizierten Techniken oder endlose Wiederholungen von Kommandos – er braucht klare Informationen, um zu wissen, wie er sich in seiner Welt zurechtfinden kann.

Selbstständigkeit und Vertrauen aufbauen

Hat man diese Fragen für sich selbst beantwortet, hat man die Grundlage für eine erfolgreiche und souveräne Führung gelegt. Die Kompetenz, die du in der Erziehung deines Hundes entwickelst, wird nicht durch das Sammeln von Techniken oder das Austesten unzähliger Methoden erlangt, sondern durch das Vertrauen in deine eigene Fähigkeit, als klarer und starker Partner an der Seite deines Hundes zu stehen. Du musst nicht perfekt sein. Aber du musst authentisch und klar sein. Und du musst in der Lage sein, deinem Hund durch die Kommunikation, die du führst, das Gefühl von Sicherheit zu geben.

Du wirst sehen, dass der Weg von der Unsicherheit zur Kompetenz nicht lang ist. Er beginnt damit, dass du bereit bist, dich von alten Gewohnheiten zu lösen und dir selbst zu vertrauen. Du musst nicht immer alles richtig machen – wichtig ist, dass du immer wieder klar und konsequent bleibst. Dein Hund wird diese Klarheit spüren und dir vertrauen, was der Grundstein für eine stabile und respektvolle Beziehung ist.

Fazit: Entwickle deine Kompetenz als souveräner Leader

Die wahre Kompetenz als Hundebesitzer kommt nicht von der ständigen Anwendung von Techniken, sondern von der Fähigkeit, zu verstehen und in authentischer Weise zu handeln. Du kannst deinen Hund souverän führen, indem du deine Körpersprache bewusst einsetzt, klare Regeln setzt und konsequent bleibst. Es ist diese Kompetenz, die den Unterschied macht – nicht nur in der Erziehung, sondern in der gesamten Beziehung zu deinem Hund. Wenn du bereit bist, dich selbst zu hinterfragen, deine eigene Kommunikation zu verbessern und Verantwortung zu übernehmen, wirst du schnell feststellen, wie einfach und erfüllend die Hundehaltung sein kann. Vertrauen in sich selbst und klare Kommunikation führen zu einer harmonischen Beziehung, in der du als kompetenter und souveräner Führer mit deinem Hund durchs Leben gehst.

Fragen zur Selbstreflexion:

1. Wie gehst du mit Verhaltensproblemen deines Hundes um? Versucht du, sie durch Belohnungen oder durch Klarheit in der Kommunikation zu lösen?

2. Glaubst du, dass du deinen Hund oft durch äußere Belohnungen (z. B. Leckerchen) motivierst, anstatt durch klare und konsequente Kommunikation? Wie könntest du das ändern?

3. Welche Herausforderungen hast du bei der Balance von Zuneigung, Kommunikation und Regeln erlebt? Wie findest du eine gute Mischung zwischen Liebe und klaren Grenzen?

4. Wann fühlst du dich als Hundebesitzer am kompetentesten? Was hilft dir, Vertrauen in deine Fähigkeit zur Führung aufzubauen?

Der goldene Schlüssel und das verschlossene Tor

Ein Schmied saß eines Tages in seiner Werkstatt und betrachtete einen wunderschönen, goldenen Schlüssel, den er gerade gefertigt hatte. Er war stolz auf seine Arbeit, doch tief in ihm regte sich ein Zweifel: "Was nützt der schönste Schlüssel, wenn es kein Tor gibt, das er öffnet?" Er entschloss sich, sich auf die Suche nach einem Tor zu machen. Nach Tagen des Umherziehens fand er schließlich ein Tor, das so alt und massiv war, dass es in der Sonne kaum noch glänzte. Es war überzogen mit Moos und seine Riegel schienen längst von der Zeit zu zerrieben. Doch der Schmied war überzeugt, dass der goldene Schlüssel es öffnen würde. Er setzte den Schlüssel ins Schloss und drehte ihn – doch das Tor bewegte sich keinen Millimeter. Enttäuscht und etwas frustriert drehte der Schmied den Schlüssel noch einmal und dann noch einmal. Aber das Tor blieb verschlossen. Er setzte sich nieder und grübelte. Irgendetwas stimmte nicht. Was nutzte der prächtige Schlüssel, wenn er den richtigen Moment oder die richtige Art des Öffnens nicht fand? Vielleicht war es nicht der Schlüssel, der das Tor öffnen sollte, sondern der Umgang mit ihm, das Wissen, wie und wann man ihn benutzte. Während er nachdachte, bemerkte er etwas: Die Riegel des Tores hatten sich durch die Jahre leicht verschoben und der Schlüssel war tatsächlich in das Schloss eingetreten. Aber es war nicht genug, dass er einfach nur drehte. Der Schlüssel musste anders angelegt werden – mit Bedacht und einer gewissen Klarheit, dass er nicht nur der äußeren Form nach benutzt werden sollte, sondern in einer Art, die das Tor wirklich zu öffnen vermochte. So stand der Schmied auf, atmete tief ein und setzte den Schlüssel mit einer ruhigen Hand an. Er spürte, wie der Riegel sich mit einem sanften Ruck löste, und das Tor öffnete sich langsam. Es war nicht der goldene Schlüssel allein, der das Tor öffnete, sondern die Verbindung zwischen dem Handwerk des Schmieds und dem Wissen um den richtigen Umgang mit dem Werkzeug.

Hausgemacht

Keine Sorge, das wird jetzt ganz ehrlich: Viele Hundebesitzer kommen zu mir, weil sie Herausforderungen im Zusammenleben mit ihren Hunden haben. Und genau dafür bin ich da! Doch – und jetzt kommt der spannende Teil – die Erwartung, die oft im Raum steht, ist, dass wir den Hund „trainieren", damit er besser funktioniert und alle „unerwünschten" Verhaltensweisen verschwinden.

An diesem Punkt muss ich einmal kurz innehalten: Ich arbeite nicht in erster Linie mit dem Hund – ich arbeite mit dir! Denn, Hand aufs Herz, viele dieser Probleme, die du mit deinem Hund hast, sind hausgemacht. Und das ist weder schlimm noch ein Grund zur Panik, im Gegenteil! Es bedeutet nur, dass du die Macht hast, die Dinge zu verändern. Aber lass uns das an ein paar praktischen Beispielen verdeutlichen, damit es klarer wird:

---

1. Dein Hund bellt wie verrückt, wenn er einen anderen Hund sieht.

Das ist ein häufiger Klassiker. Dein Hund bellt voller Erwartungshaltung, sobald er einen anderen Hund sieht. Du versuchst vielleicht, ihn zu beruhigen oder ihm ein Leckerli zu geben, aber das Bellen hört nicht auf. Warum? Ganz einfach: Dein Hund durfte als Welpe an der

Leine mit jedem Hund spielen. Für ihn ist das ein Signal, dass jedes Treffen mit einem anderen Hund spannend und aufregend ist. Doch genau diese Gewohnheit, dass Hunde „einfach immer spielen dürfen“, führt zu einem Verhalten, das wir später als problematisch empfinden.

Das „Hausgemachte“ hier ist, dass wir Hunden oft nicht die richtige Struktur für soziale Begegnungen geben. Sie lernen, dass jedes Zusammentreffen mit einem Hund ein Freifahrtschein für Freude oder Spiel ist – und das wird dann zur Erwartungshaltung, die der Hund ständig wiederholt.

---

2. Dein Hund zieht ständig an der Leine.
Das ist ein weiteres häufiges Thema, das viele Hundebesitzer frustriert. Dein Hund zieht an der Leine und das führt dazu, dass Spaziergänge zur Zerreißprobe werden. Aber warum tut er das? Die Antwort ist einfach: Die Flexileine hat ihm beigebracht, dass er die Freiheit hat, zu gehen, wo er will. Die Flexileine ermöglicht es dem Hund, sich auszubreiten und in alle Richtungen zu ziehen, was zu dem Verhalten führt, das du heute erlebst.

Das „Hausgemachte“ hier ist die falsche Handhabung der Leine. Hunde verstehen sehr schnell, wie sie sich selbst den Raum verschaffen können – und wenn sie an der Flexileine ziehen können, tun sie genau das. Es ist ein Verhalten, das durch die Art und Weise, wie wir die Leine einsetzen, immer weiter verstärkt wird. Flexi-Leinen – für viele der Inbegriff von Freiheit auf Knopfdruck. Doch in der Praxis erweisen sie sich oft als das Gegenteil. Statt Harmonie auf acht Metern gibt es Stolperfallen, Zugprobleme und Verwicklungen – und das nicht nur für den Hund.

Das größte Missverständnis: Diese Leinen bringen Hunden bei, dass ständiger Zug und alle Räume zu übernehmen in Ordnung ist. Wer einmal die Flexi-Spannung erlebt hat, weiß: Lockere Leinenführigkeit? Fehlanzeige. Und während der Hund freudig in der Ferne schnüffelt, wird der Halter zum Jongleur zwischen Bremstaste und Ruckdämpfer.

Auch die Distanzkontrolle hat ihre Tücken. Auf engen Gehwegen oder in Parks kann ein Hund auf acht Metern viel Unsinn anstellen – von der Begrüßung des falschen Vierbeiners bis zum plötzlichen Sprint vor ein Fahrrad. Der Versuch, ihn per Knopfdruck einzufangen, endet oft in hektischem Gerucke und verunsichert beide Seiten.

Natürlich gibt es Situationen, in denen die Flexi-Leine praktisch sein kann, zum Beispiel auf einer freien Wiese. Leider fühlen sich viele Menschen veranlasst diese Leinen zu nutzen, da Freilauf sehr wenig toleriert wird. Doch im Alltag mit Verkehr, Passanten und anderen Hunden wird sie schnell zum Risiko. Eine einfache, normale Leine mag altmodisch wirken, bietet aber Kontrolle, Sicherheit und eine klare Verbindung zwischen Mensch und Hund. Sind diese Parameter gegeben, dann wird auch der sichere Rückruf funktionieren.

Die Leine ist kein Instrument der Erziehung – weder auf acht Metern noch auf zwei. Sie dient lediglich als Sicherung. Entscheidend ist, wie wir sie einsetzen: mit Klarheit, Ruhe und Führung. Das schafft echte Freiheit – und zwar für beide Enden der Leine.

---

3. Dein Hund knurrt, wenn dein Partner sich auf die Couch setzt.

Ein weiteres Beispiel für ein hausgemachtes Problem. Dein Hund knurrt, wenn dein Partner sich auf die Couch setzt und das sorgt für Spannung im Haushalt. Warum tut er das? Ganz einfach, weil dieser Platz für ihn etwas ganz Besonderes war – vielleicht war es in der Vergangenheit immer sein „persönlicher Thron“, auf dem er sich ausruhen durfte. Und jetzt, wo jemand anderes diesen Platz in Anspruch nimmt, fühlt er sich bedroht oder übergangen.

Das „Hausgemachte“ hier ist, dass wir dem Hund die Möglichkeit geben, bestimmte Ressourcen wie das Sofa zu „besetzen“ und so ein Gefühl von Besitz und Kontrolle zu entwickeln. Solange er diesen „Anspruch“ behält, wird er sich so verhalten, weil er das Gefühl hat, für diese Ressource verantwortlich zu sein.

---

4. Dein Hund zeigt Aggressionen bei Begegnungen mit anderen Hunden.

Das ist ein weiteres häufiges Szenario, das viele Hundehalter erleben: Dein Hund zeigt Aggressionen bei der Begegnung mit anderen Hunden. Er knurrt, bellt oder wird sogar aggressiv. Aber warum tut er das? Weil er glaubt, dass er dich und sein „Revier“ verteidigen muss. Er hat in der Vergangenheit gelernt, dass er selbst die Verantwortung übernehmen muss, um dir und sich selbst zu schützen. Dies kann passieren, wenn wir uns nicht klar genug positionieren und unserem Hund nicht die nötige Führung und Sicherheit geben.

Das „Hausgemachte“ hier ist das Fehlen klarer Regeln und die unbewusste Bestätigung von Unsicherheit. Hunde brauchen eine klare Führung, die ihnen zeigt, dass sie nicht die Verantwortung für den Schutz des „Rudels“ übernehmen müssen, sondern dass diese Aufgabe bei dir als souveränem Führer liegt.

Was bedeutet das für dich?
Was will ich damit sagen? Viele dieser „Probleme" entstehen, weil wir Menschen oft denken, dass sich kleine Verhaltensfehler von selbst erledigen, wenn der Hund älter wird. Doch die Wahrheit ist: Tun sie nicht. Wenn wir nicht eingreifen und unser Verhalten überdenken, werden diese Muster nur stärker und verfestigen sich im Laufe der Zeit.

Aber hier kommt die gute Nachricht: Wenn das Problem hausgemacht ist, dann hast du auch die Möglichkeit, es zu ändern – wenn du dazu bereit bist. Das ist der entscheidende Punkt! Wir sind oft so sehr auf das Verhalten des Hundes fokussiert, dass wir die Verantwortung für die eigene Rolle in der Beziehung aus den Augen verlieren. Doch wenn du dir bewusst machst, wie dein Verhalten – und vor allem deine Reaktionen – das Verhalten deines Hundes beeinflussen, kannst du beginnen, Veränderungen herbeizuführen.

Du bist nicht machtlos! Du kannst die Kontrolle zurückgewinnen. Wenn du bereit bist, deine Gewohnheiten zu hinterfragen und das Verhalten deines Hundes aus einer anderen Perspektive zu betrachten, wirst du feststellen, dass sich die Situation in kürzester Zeit verbessern kann.

Der Weg zur Veränderung

Die Veränderung beginnt bei dir. Es geht darum, bewusst zu handeln, klare Grenzen zu setzen und dem Hund Sicherheit zu geben. Wenn du das tust, wirst du feststellen, wie viel einfacher und harmonischer das Zusammenleben mit deinem Hund sein kann. Und das Beste daran? Es liegt alles in deinen Händen!

Also, wenn du das Gefühl hast, dass bestimmte Probleme „hausgemacht" sind, dann atme tief durch und erkenne, dass du die Macht hast, sie zu lösen. Du musst nicht darauf warten, dass sich der Hund irgendwann ändert. Du kannst die Veränderung selbst in die Hand nehmen – und der Erfolg wird nicht lange auf sich warten lassen.

Fragen zur Selbstreflexion:

1. Welche Verhaltensweisen deines Hundes empfindest du als problematisch? In welchen Situationen hast du das Gefühl, dass dein Hund „hausgemachte" Probleme zeigt?

2. Hast du deinem Hund in der Vergangenheit bestimmte Freiheiten oder Gewohnheiten ein-

geräumt, die du jetzt als problematisch empfindest (z. B. Freigabe von Ressourcen wie dem Sofa oder das Spielen mit anderen Hunden)? Was könntest du tun, um klare Grenzen zu setzen?

3. Wann hast du zum letzten Mal bewusst deine Handhabung der Leine oder die Art, wie du mit deinem Hund kommunizierst, hinterfragt? Gibt es Bereiche, in denen du selbst unbewusst ein bestimmtes Verhalten gefördert hast?

4. Wie könntest du deine täglichen Gewohnheiten oder Reaktionen ändern, um deinem Hund zu helfen, sich sicherer und ausgeglichener zu fühlen?

5. Welche konkreten Schritte kannst du unternehmen, um die „hausgemachten" Probleme zu erkennen und aktiv an deren Lösung zu arbeiten? Welche Veränderungen in deinem Verhalten wären notwendig, um dein Ziel zu erreichen?

Das zerbrochene Glas

Es war ein ruhiger Abend, als Clara das Glas fallen ließ. Es war das Lieblingsglas ihres Vaters – ein altmodisches, mit filigranen Mustern verzierte Trinkgefäß, das schon viele Jahre in der Familie war. Clara hob das Glas schnell auf, doch es war zu spät. Es war in viele kleine Teile zerbrochen. Verzweifelt betrachtete Clara die Scherben. Sie wusste, dass ihr Vater enttäuscht sein würde, obwohl er nie ein großes Wort darüber verloren hätte. Sie begann, die Scherben vorsichtig zusammenzusammeln, doch jedes Mal, wenn sie eine Scherbe aufnahm, fielen ihr weitere Teile in die Hände, die sie übersehen hatte. Je länger sie suchte, desto mehr Scherben fand sie und irgendwann schien es, als wäre das ganze Glas in unzählige kleine Stücke zerfallen. Die Aufgabe schien endlos. Nach einer Weile setzte sie sich erschöpft auf den Boden und ließ das Glas in Ruhe. Sie dachte nach – vielleicht war das Glas gar nicht nur ein Glas. Vielleicht war es mehr. In den letzten Jahren hatte sie immer wieder die gleichen Fehler gemacht. In ihrer Beziehung zu ihrem Hund, Klausi, hatte sie auch viele kleine Scherben hinterlassen, ohne es wirklich zu merken. Kleine Freiheiten hier, ein paar nachlässige Entscheidungen dort. Klausi war immer ein wenig unruhig, ein bisschen zu dominant, aber sie hatte geglaubt, dass es mit der Zeit besser werden würde. Sie hatte es nie richtig hinterfragt, nie richtig gehandelt, sondern gehofft, dass es sich von selbst erledigen würde – wie das Glas, das sie einfach hätte besser behandeln müssen. „Es wird nie besser, wenn man die Scherben einfach ignoriert“, dachte Clara. Sie erinnerte sich an die vielen Spaziergänge, bei denen Klausi an der Leine zog, an die unruhigen Momente, wenn er andere Hunde sah. „Ich habe ihm nie gezeigt, wie er sich richtig verhalten soll“, murmelte sie vor sich hin. „Ich habe nie die Verantwortung übernommen.“ Die Scherben des Glases lagen immer noch vor ihr, aber plötzlich spürte sie eine Klarheit, die ihr vorher gefehlt hatte. Sie hatte nicht nur Klausis Verhalten ignoriert, sondern auch ihre eigenen Gewohnheiten. Wie oft hatte sie ihm das Gefühl gegeben, dass er das letzte Wort hatte? Wie oft hatte sie ihn einfach gewähren lassen, statt klare Grenzen zu setzen? Das Glas war in viele Teile zerbrochen, aber vielleicht gab es noch eine Möglichkeit, es wieder zusammenzusetzen – wenn sie bereit war, Verantwortung zu übernehmen und die richtigen Schritte zu tun. Mit einem entschlossenen Blick nahm Clara die Scherben in die Hand. Sie wusste, dass es nicht einfach werden würde, doch sie war bereit, anzufangen. Auch wenn es eine Weile dauern würde, konnte sie den Fehler, den sie gemacht hatte, erkennen und ändern. Und so setzte sie sich an, um zu lernen, wie sie die Scherben nicht nur für das Glas, sondern auch für ihre Beziehung zu Klausi richtig zusammensetzen konnte.

No-Go

Immer wieder erlebe ich Situationen, die mich sehr nachdenklich machen. Situationen, die zeigen, wie wichtig es ist, Verantwortung zu übernehmen – nicht nur für den eigenen Hund, sondern auch für die Auswirkungen, die unser Verhalten auf unsere Mitmenschen hat. Es gibt Verhaltensweisen, die einfach nicht akzeptabel sind. Hier ein paar Beispiele aus dem Alltag, die mich zu diesem Kapitel inspiriert haben:

Vorfall 1:
Ich stehe mit meinen angeleinten Hunden vor der Schule, deren Direktor ich bin. Plötzlich kommt ein Jack-Russell-Terrier an der Flexileine hinter seiner Besitzerin her. Der Hund läuft ohne jegliches Zögern zur frisch sanierten Fassade und uriniert direkt daran. Ich spreche die Dame klar und deutlich darauf an, doch ihre Antwort ist nur ein unsicheres Gestammel. Kaum habe ich den Vorfall angesprochen, zeigt der Hund plötzlich seine Zähne, knurrt und möchte gegen mich und meine Hunde, die ruhig hinter mir stehen, losgehen. Der Hund ist

offensichtlich nicht korrekt erzogen und die Besitzerin hat keinerlei Kontrolle. Sie zieht ihn mühsam weiter, ohne wirklich zu reagieren oder das Verhalten des Hundes zu korrigieren. Liebe Dame, dieses Verhalten ist ein absolutes No-Go! Ein Hund sollte wissen, was er darf und was nicht. Das Urinieren an öffentlichen oder privaten Objekten ist schlichtweg respektlos und gehört sich nicht. Die Reaktion der Besitzerin, das Problem nicht ernst zu nehmen, ist ein Paradebeispiel dafür, wie wichtig es ist, als Hundebesitzer Verantwortung zu übernehmen.

Vorfall 2:

Abends sehe ich einen Nachbarn, wie sein Mops auf meinem Grundstück an den Stromverteiler pinkelt. Ich spreche ihn darauf an und weise freundlich auf das große Feld direkt gegenüber hin, auf dem der Hund ruhig sein Geschäft erledigen könnte. Die Antwort des Nachbarn? Ein unverständliches Schulterzucken, als wäre es völlig normal, das Grundstück eines anderen zu verunreinigen.

Lieber Herr, das ist respektlos und ein klares No-Go! Die Rücksichtslosigkeit, mit der manche Hundebesitzer den Besitz anderer Menschen ignorieren, ist nicht hinnehmbar. Hunde sollten lernen, ihren Platz zu respektieren und nicht einfach willkürlich Dinge zu markieren, die nicht ihnen gehören. Es liegt in unserer Verantwortung, ihnen diese Grenzen aufzuzeigen.

Vorfall 3:
Beim Tierarzt kommt es zu einer unangenehmen Begegnung. Ein Hund, dessen Besitzerin offensichtlich wenig Kontrolle hat, springt einer fremden Frau plötzlich in den Rücken. Die Besitzerin gibt sofort eine entschuldigende Erklärung: Der Hund sei nervös wegen einer kürzlich erlittenen Analdrüsen-Entzündung.
Sorry, liebe Dame, aber fremde Menschen anspringen ist kein akzeptables Verhalten – No-Go! Hundebesitzer müssen dafür sorgen, dass ihr Hund andere nicht gefährdet oder unabsichtlich verletzt. Es gibt keine Entschuldigung dafür, dass ein Hund sich aufdrängt und in den persönlichen Raum anderer Menschen eindringt. So ein Verhalten muss durch konsequente Erziehung unterbunden werden.

Vorfall 4:
In der Altstadt treffe ich auf einen 40-Kilo-Hund, der mit einer viel zu langen und schlecht gehaltenen Leine unkontrolliert auf mich zustürmt. Die Besitzerin ist abgelenkt, sie raucht eine Zigarette und ist gleichzeitig in ihr Handy vertieft. Erst als ihr Handy aus der Hand fällt,

brüllt sie den Hund an, um ihn zurückzurufen. Ich weise den Hund mit klarer Körpersprache zurück, aber was wäre passiert, wenn an dieser Stelle ein Kind gekommen wäre?
Liebe Dame, Ihre Nachlässigkeit ist unverantwortlich – No-Go! Ein Hund dieser Größe braucht klare Führung und Kontrolle, vor allem in einer Stadt mit vielen Menschen. Die Besitzerin ist völlig desinteressiert und zeigt keinerlei Verantwortung für das Verhalten ihres Hundes. Hundebesitzer müssen immer wachsam und präsent sein – ihre Nachlässigkeit gefährdet nicht nur das Verhalten ihres Hundes, sondern auch die Sicherheit der Menschen um sie herum.

Fazit:

Liebe Hundebesitzer, die sich jetzt angesprochen fühlen, euer Verhalten hat Konsequenzen. Es wirkt sich auf das Bild aus, das andere Menschen von Hundebesitzern haben – und leider sind es oft die Negativbeispiele, die in Erinnerung bleiben. Verantwortung, Kontrolle und Respekt gegenüber anderen sind nicht optional. Fehlende Erziehung und Rücksichtnahme sind nicht nur für eure Hunde, sondern auch für eure Mitmenschen ein absolutes No-Go!

Ihr seid der Grund für viele der Verhaltensprobleme, die wir sehen, und euer Umdenken wäre die Lösung vieler Probleme. Hunde sind keine Spielzeuge, keine Party-Gäste, die sich beliebig benehmen können. Sie sind Begleiter, die klare Regeln, Strukturen und eine verlässliche Führung brauchen, um in unserer Welt respektvoll und sicher zu agieren. Wenn ihr als Besitzer euch dieser Verantwortung stellt, wird sich nicht nur das Verhalten eures Hundes verbessern – auch das Miteinander in der Gesellschaft wird angenehmer für alle. No-Go bedeutet in diesem Zusammenhang nicht nur „nicht erlaubt“, sondern auch „nicht tolerierbar“ – für den Hund und für die Menschen um uns herum.

Fragen zur Selbstreflexion:

1. Wann hast du das letzte Mal eine Situation erlebt, in der dein Hund oder du selbst in der Öffentlichkeit das Verhalten deines Hundes nicht richtig kontrolliert hast? Wie hättest du in diesem Moment anders reagieren können, um die Situation zu verbessern?

2. Wie gehst du mit unerwünschtem Verhalten deines Hundes in der Öffentlichkeit um?

Denkst du, dass es für deinen Hund klare Grenzen gibt und wie sorgst du dafür, dass er diese versteht und respektiert?

3. Wie reagierst du, wenn du siehst, dass andere Hundebesitzer ihr Verhalten oder das Verhalten ihres Hundes nicht richtig kontrollieren? Was sagt das über deine eigene Haltung zur Verantwortung in der Hundeerziehung aus?

4. In welchen Situationen lässt du deinem Hund zu viel Freiheit, die möglicherweise zu unkontrolliertem oder respektlosem Verhalten führen kann (z. B. Urinieren an fremden Objekten, Anspringen von Menschen)? Was könntest du ändern, um deinem Hund mehr Struktur und klare Grenzen zu bieten?

5. Wie sicher bist du dir, dass du in öffentlichen oder unerwarteten Situationen immer ausreichend aufmerksam und präsent für deinen Hund bist? Wie könntest du deine Verantwortung als Hundebesitzer in solchen Momenten besser wahrnehmen?

Apollo

Es war ein sonniger Morgen, als Mark mit seinem Hund Apollo den Park betrat. Apollo, ein großer Schäferhund, trottete ruhig an der Leine, während Mark gedankenverloren in seinem Handy scrollte. Es war ein gewohnter Spaziergang, doch an diesem Tag sollte sich alles ändern. Als sie um die Ecke bogen, trafen sie auf eine Gruppe von Spaziergängern. Plötzlich zog Apollo an der Leine, sprintete vor und stieß mit einem kleinen Kind zusammen, das gerade in Richtung Spielplatz lief. Das Kind fiel zu Boden und begann zu weinen, während Mark erschrocken zu seinem Hund rief und versuchte, ihn zurückzuhalten. „Apollo! Nein!“ schrie er, doch der Hund gehorchte nicht. Die Besitzerin eines anderen Hundes, die gerade mit ihrem kleinen Pudel vorbeiging, blickte auf und sagte mit fester Stimme: „Das war gefährlich! Sie müssen aufpassen!“ Mark fühlte sich beschämt. Es war ihm klar geworden: Hätte er besser aufgepasst, wäre dieser Vorfall nie passiert. „Es tut mir leid“, murmelte Mark. Doch die Worte kamen zu spät. Das Kind war erschrocken. Mark hatte die Verantwortung für seinen Hund und seine Umgebung völlig aus den Augen verloren. Während er sich entschuldigte, fiel ihm auf, wie leicht er die Kontrolle verloren hatte – und wie wenig er das Verhalten seines Hundes tatsächlich beeinflusste. In den folgenden Tagen dachte Mark viel

nach. In der ruhigen Ecke seines Gartens betrachtete er Apollo, der sich friedlich in der Sonne ausstreckte. „Ich habe Verantwortung zu übernehmen“, dachte Mark. „Nicht nur für Apollo, sondern für die Menschen um mich herum. Ich muss aufmerksamer sein, konsequenter handeln und ihm zeigen, was akzeptables Verhalten ist. Es ist meine Aufgabe, ihm beizubringen, was er darf und was nicht.“ Die Erinnerung an den Vorfall mit dem Kind ließ ihn nicht los. Doch er wusste, dass es nicht nur seine Verantwortung war, die Leine zu halten. Es war auch seine Aufgabe, Apollo eine klare Struktur zu geben. Verantwortung ist mehr als nur zu reagieren, wenn etwas schiefgeht. Es geht darum, im Voraus zu handeln, das Verhalten seines Hundes zu formen und dafür zu sorgen, dass er die Welt sicher und respektvoll erlebt. Einige Wochen später spazierte Mark wieder durch den Park, diesmal mit mehr Achtsamkeit. Apollo lief ruhig an seiner Seite, die Leine locker. Als sie an der gleichen Ecke vorbeikamen, wo der Vorfall stattgefunden hatte, war Mark bereit. Ein kleines Kind näherte sich, und Apollo blickte es neugierig an, doch Mark hielt seine Aufmerksamkeit fest auf den Hund gerichtet. Er kommunizierte ruhig mit Apollo und führte ihn sicher am Kind vorbei, ohne dass der Hund ruckartig zog oder sich aufdrängte. „Gut gemacht, Apollo“, sagte Mark leise, als sie sicher weitergingen. Die Welt war voller unerwarteter Momente, aber Verantwortung bedeutet, vorbereitet zu sein und nicht nur zu reagieren, sondern zu agieren – für den Hund und für die Menschen um uns herum. Mark wusste nun, dass er nicht nur ein Hundebesitzer war, sondern auch ein Teil der Gesellschaft, dessen Handeln und Verantwortung Auswirkungen auf andere hatte.

Ich breche eine Lanze

Wir leben in einer Zeit, in der Hundeerziehung stark von positiven Verstärkungen geprägt ist. Man könnte fast sagen, dass kaum eine Anleitung zur Hundeerziehung heute ohne die Verwendung von Leckerli und übermäßigen Lobeshymnen auskommt. Der Hund wird für das kleinste positive Verhalten sofort belohnt und oft scheint es, dass wir jede noch so kleine Regung mit Futter oder übertriebenem Lob in eine positive Richtung lenken wollen. Doch sollten wir uns nicht einmal die Frage stellen: Ist das wirklich das, was unsere Hunde brauchen? Geht dieser Weg nicht möglicherweise in die falsche Richtung?

Unsere Hunde sind von Natur aus an eine klare Kommunikation gewöhnt. In freier Wildbahn gibt es kein ständiges Lob, kein Belohnungssystem, das dem menschlichen Verständnis entspricht. Hunde verstehen die Sprache der Körpersprache – eine ehrliche, klare Kommunikation, die keine Missverständnisse zulässt. Diese einfache, natürliche Interaktion wird zunehmend verwässert durch den ständigen Strom von Futterhäppchen und überschäumendem Lob. Und hier stellt sich die Frage: Gehen wir noch ehrlich mit unseren Hunden um, wenn wir sie ständig mit äußeren Belohnungen überfluten, anstatt ihnen die klaren, unverfälschten Signale zu geben, die sie benötigen?

Man könnte sich das so vorstellen: Was, wenn wir uns in einem Land ohne Verkehrsregeln bewegen würden? Ein Straßenverkehr, in dem niemand an den Ampeln anhält und es keine Stoppschilder gibt. Unvorstellbar, oder? Aber genau das passiert oft in der Hundeerziehung: Wir verzichten auf klare „Nein“-Signale, verzichten auf Struktur und Führung. Die Vorstellung, ein Hund könne sich ohne diese Orientierung zurechtfinden, ist genauso unrealistisch wie ein Verkehr ohne Regeln. Ein klares „Nein“ ist kein „Strafe“, sondern eine Orientierungshilfe – ein notwendiges Signal, das Sicherheit und Verlässlichkeit in einer Welt aus Unsicherheiten schafft.

Die Beziehung zu unseren Hunden sollte frei von Vermenschlichung sein. Ja, Hunde sind ein wichtiger Teil unseres Lebens, aber sie sind keine Kinder und auch keine vollwertigen menschlichen Familienmitglieder. Wir können unsere Hunde lieben, ja, aber wir müssen verstehen, dass sie als Hunde eigene Bedürfnisse haben und nicht in die menschliche Rolle gedrängt werden dürfen. Wenn wir sie auf eine Ebene mit unseren menschlichen Partnern heben, entstehen Missverständnisse und falsche Erwartungen – für uns und für unsere Hunde.

In unserer Gesellschaft nehmen die Verhaltensprobleme bei Hunden zu. Warum? Weil viele Hunde nicht mehr als Hunde behandelt werden, sondern in eine Rolle gedrängt werden, die sie weder verstehen noch ausfüllen können. Wir erziehen sie, als wären sie kleine Menschen und übersehen dabei die grundlegenden Instinkte und Bedürfnisse eines Hundes. Diese fehlende klare Kommunikation, das Fehlen echter Grenzen und das ständige Überladen mit Belohnungen führt dazu, dass Hunde verunsichert werden und sich nicht mehr sicher in ihrem Verhalten fühlen.

Deshalb plädiere ich dafür: Lassen wir unsere Hunde wieder Hunde sein. Geben wir ihnen klare Körpersprache, eine ehrliche Kommunikation und vor allem ein ruhiges „Nein", wenn es nötig ist. Ein Hund verdient keine ständige Belohnung für jedes noch so kleine Verhalten. Was er wirklich braucht, sind Respekt und Orientierung – in einem natürlichen Miteinander, das ihm hilft, sich sicher und verstanden zu fühlen. Wenn wir diese klaren Linien ziehen, schaffen wir die Grundlage für eine authentische, respektvolle und stabile Beziehung zu unseren Hunden.

Ich breche eine Lanze für eine Hundeerziehung, die nicht auf Vermenschlichung und Belohnungssystemen basiert, sondern auf ehrlicher Kommunikation und klaren, natürlichen Grenzen. Hunde sind keine Spielzeuge, keine Kinder, sondern fühlende Wesen mit eigenen Bedürfnissen und Instinkten. Wenn wir uns wieder auf diese Wahrheit besinnen, können wir eine Beziehung aufbauen, die von Respekt und Vertrauen geprägt ist – für den Hund und für uns.

Fragen zur Selbstreflexion:

1. Wie oft belohnst du deinen Hund mit Leckerlis oder übermäßigem Lob für jedes Verhalten? Überdenkst du hin und wieder, ob diese Belohnungen wirklich notwendig sind oder ob sie die natürliche Kommunikation zwischen dir und deinem Hund stören?

2. In welchen Situationen verlässt du dich eher auf Belohnungen und Lob, anstatt klare Grenzen zu setzen oder deinem Hund zu zeigen, was er falsch gemacht hat? Wie könnte ein klareres "Nein" oder eine ruhigere Körpersprache deinem Hund mehr Orientierung geben?

3. Wie behandelst du deinen Hund im Vergleich zu anderen Familienmitgliedern oder sogar Kindern? Glaubst du, dass du manchmal unbewusst von deinem Hund erwartest, menschliche Verhaltensweisen zu verstehen und was könnte das für eure Beziehung bedeuten?

4. Hast du das Gefühl, dass du deinem Hund genug Raum für seine natürlichen Instinkte lässt, oder versuchst du, ihn ständig in eine menschliche Rolle zu drängen? Wie kannst du sicherstellen, dass dein Hund als Hund respektiert wird, ohne dass du falsche Erwartungen an ihn stellst?

Der neue Pfad

Es war ein sonniger Nachmittag, als Paul mit seinem Hund, Willi, durch den Wald spazierte. Willi, ein lebhafter Border Collie, lief voller Energie voraus, schnüffelte an den Bäumen, jagte den Schmetterlingen hinterher, die um ihn flatterten. Paul beobachtete ihn und in diesem Moment überkam ihn ein Gedanke: „Was hat Willi wirklich von all den Leckerlis und dem Lob, das ich ihm gebe?“ Seit Monaten hatte Paul den Hund mit Futter belohnt, bei jedem „Sitz“, jedem „Platz“, bei jedem kleinen Trick, den Willi perfekt ausführte. Doch je mehr er darüber nachdachte, desto mehr fühlte sich alles wie ein überflüssiges Ritual an – wie eine ständige Erneuerung des Versprechens, dass jedes kleine Verhalten von Willi belohnt werden würde. War das wirklich der Weg, dem Hund Orientierung zu geben? Sobald kein Futter da war, war Willi nicht ansprechbar. Paul stellte sich vor, wie es wäre, auf einer Straße zu fahren, ohne Verkehrsregeln, ohne Stoppschilder oder Ampeln. Chaos, oder? Ein ständiges Durcheinander aus Fahrzeugen, die sich nicht an klare Zeichen hielten. In diesem Moment dämmerte ihm, dass er auch in seiner Kommunikation mit Willi keine klaren Signale mehr setzte. Die ständige Belohnung nahm ihm den Raum für klare, einfache Kommunikation, die Willi in seiner eigenen Sprache verstand. Was Willi wirklich brauchte, war keine Flut von Leckerlis, sondern eine klare Führung – ein ruhiges „Nein", wenn er es brauchte, eine Entscheidung ohne Ablenkung, die ihm zeigte, wo er stand. Paul blieb stehen und schaute Willi nach, der weiter vorauslief und ab und zu zurückblickte. „Willi", sagte Paul ruhig und erhob eine Hand, um den Hund zu stoppen. Willi lief weiter, dann blieb er abrupt stehen und drehte sich zu Paul um. Kein Leckerli, kein übertriebenes Lob – einfach eine klare, ruhige Handbewegung, die ihm das Signal gab, dass er jetzt eine Entscheidung treffen musste. Es war, als ob Willi in diesem Moment eine Frage stellte: „Was bedeutet das für mich?" Und Paul wusste, dass er diese Frage nicht mit Leckerlis beantworten konnte. Was Willi jetzt brauchte, war kein ständig wiederholtes Belohnungssystem, sondern eine Orientierung, die ihm zeigte, wie er sich sicher und selbstbewusst in einer Welt voller Entscheidungen bewegen konnte. Paul wusste, dass er Willi nicht länger in einem ständigen Wechsel von Belohnung und Lob lassen konnte. Willi brauchte einen sicheren Pfad, auf dem er wusste, was von ihm erwartet wurde.

„Lass uns zusammen auf diesem Weg gehen“, murmelte Paul, als Willi sich wieder zu ihm gesellte. Es war der Beginn einer neuen Reise – einer Reise, auf der Orientierung und Klarheit wichtiger waren als jede noch so große Belohnung.

DANKE

Das Buch neigt sich dem Ende zu und ich möchte innehalten, um ein tief empfundenes DANKE auszusprechen. In meinen vielen Coachings darf ich so viele berührende Augenblicke erleben. Momente, in denen Menschen den Mut fanden, ihre Komfortzone zu verlassen und in denen aus Tränen der Verzweiflung Tränen des Glücks wurden. Eure Bereitschaft, euch auf diesen Weg einzulassen, hat mich zutiefst inspiriert. Es erfüllt mich mit Freude, zu sehen, wie ihr neue Wege geht und die Schallklappen von festgefahrenen Mustern löst.

Mein herzlichster Dank gilt meiner Familie. Meiner Frau, meinen beiden Töchtern und meinen Eltern und meinem Bruder, die immer und überall mit anpacken und mich dabei unterstützen, meinen Weg zu gehen. Ohne euch wäre das alles nicht möglich.

Ein besonderes Dankeschön geht an meine Co-Trainerin Katharina für ihre unermüdliche Unterstützung. Ihr seid immer da, wenn es darum geht, zusammenzuarbeiten, Ideen zu entwickeln und einen Raum zu schaffen, in dem sowohl Hunde als auch Menschen wachsen können. Danke an Nina von den Yewwood Borders und

Tanja für die vielen schönen Momente, die wir gemeinsam mit unseren Rudeln erleben.

Dankeschön an alle Weggefährten, Kunden und Follower, die ein Stück des Weges mit mir gehen. Ihr seid es, die diese Reise so wertvoll machen. Lasst uns gemeinsam weiter daran arbeiten, die Community wachsen zu lassen und das Bewusstsein zu schärfen: Hunde sind mehr als zu dressierende Lebewesen. Sie sind soziale Wesen mit Ansprüchen, Bedürfnissen und dem Wunsch nach Vertrauen in einen souveränen Weggefährten. Wir sind die, die ihnen den klaren, verlässlichen Partner bieten, den sie brauchen, um in einer Welt voller Unsicherheiten ihren Platz zu finden.

Ein ganz besonderer Dank gilt zuletzt meinem Rudel, das mich jeden Tag bedingungslos begleitet: DANKE. Eure Loyalität, eure Liebe und eure Ruhe sind das Fundament, auf dem all diese Erlebnisse und Erfahrungen aufbauen. Ich blicke voller Mut und Hoffnung in die Zukunft – und freue mich auf alles, was kommen mag. Lasst uns in Zukunft gemeinsam wachsen, neue Wege gehen und den Hund als das sehen, was er ist: ein wertvoller Begleiter, der auf klare Führung und echte Kommunikation angewiesen ist.
Von Herzen, René Gumpinger

„Ein Hund zeigt uns, wie einfach Beziehung sein kann – wenn wir bereit sind, zu sehen und zu spüren. Er folgt keinem Wort – er folgt deiner Klarheit.“

René Gumpinger